WERKSTATTBÜCHER
FÜR BETRIEBSBEAMTE, KONSTRUKTEURE UND FACHARBEITER
HERAUSGEGEBEN VON DR.-ING. H. HAAKE, HAMBURG

Jedes Heft 50—70 Seiten stark, mit zahlreichen Textabbildungen

Die Werkstattbücher behandeln das Gesamtgebiet der Werkstattstechnik in kurzen selbständigen Einzeldarstellungen; anerkannte Fachleute und tüchtige Praktiker bieten hier das Beste aus ihrem Arbeitsfeld, um ihre Fachgenossen schnell und gründlich in die Betriebspraxis einzuführen.

Die Werkstattbücher stehen wissenschaftlich und betriebstechnisch auf der Höhe, sind dabei aber im besten Sinne gemeinverständlich, so daß alle im Betrieb und auch im Büro Tätigen, vom vorwärtsstrebenden Facharbeiter bis zum leitenden Ingenieur, Nutzen aus ihnen ziehen können.

Indem die Sammlung so den Einzelnen zu fördern sucht, wird sie dem Betrieb als Ganzem nutzen und damit auch der deutschen technischen Arbeit im Wettbewerb der Völker.

Einteilung der bisher erschienenen Hefte nach Fachgebieten

I. Werkstoffe, Hilfsstoffe, Hilfsverfahren
Heft

Der Grauguß. 3. Aufl. Von Chr. Gilles (Im Druck)	19
Einwandfreier Formguß. 2. Aufl. Von E. Kothny	30
Stahl- und Temperguß. 2. Aufl. Von E. Kothny	24
Die Baustähle für den Maschinen- und Fahrzeugbau. Von K. Krekeler	75
Die Werkzeugstähle. Von H. Herbers	50
Nichteisenmetalle I (Kupfer, Messing, Bronze, Rotguß). 3. Aufl. Von Hans Keller (Im Druck)	45
Nichteisenmetalle II (Leichtmetalle). 2. Aufl. Von R. Hinzmann	53
Härten und Vergüten des Stahles. 5. Aufl. Von H. Herbers	7
Die Praxis der Warmbehandlung des Stahles. 5. Aufl. Von P. Klostermann	8
Elektrowärme in der Eisen- und Metallindustrie. Von O. Wundram	69
Brennhärten. 2. Aufl. Von H. W. Grönegreß	89
Die Brennstoffe. Von E. Kothny	32
Öl im Betrieb. 2. Aufl. Von K. Krekeler	48
Farbspritzen. Von R. Klose	49
Rezepte für die Werkstatt. 5. Aufl. Von F. Spitzer	9
Furniere—Sperrholz—Schichtholz I. Von J. Bittner	76
Furniere—Sperrholz—Schichtholz II. Von L. Klotz	77

II. Spangebende Formung

Die Zerspanbarkeit der Werkstoffe. 3. Aufl. Von K. Krekeler	61
Hartmetalle in der Werkstatt. Von F. W. Leier	62
Gewindeschneiden. 5. Aufl. Von O. M. Müller	1
Wechselräderberechnung für Drehbänke. 6. Aufl. Von E. Mayer	4
Bohren. 4. Aufl. Von J. Dinnebier	15
Senken und Reiben. 4. Aufl. Von J. Dinnebier (Im Druck)	16
Innenräumen. 3. Aufl. Von L. Knoll und A. Schatz (Im Druck)	26

(Fortsetzung 3. Umschlagseite)

WERKSTATTBÜCHER
FÜR BETRIEBSBEAMTE, KONSTRUKTEURE UND FACH-
ARBEITER. HERAUSGEBER DR.-ING. H. HAAKE, HAMBURG
===== HEFT 70 =====

Handformerei

Ausgewählte Beispiele aus der Praxis für die Praxis

Von

Fr. Naumann

Zweite, neubearbeitete Auflage
(7. bis 12. Tausend)

Mit 217 Abbildungen im Text

Springer-Verlag Berlin Heidelberg GmbH
1950

Inhaltsverzeichnis.

Seite

Einleitung 3

I. Modellformerei 3
1. Das Formen einer Bohrvorrichtung nach Naturmodell S. 4. — 2. Die Herstellung schwierig zu formender Motorgehäuse S. 5. — 3. Das Formen eines Maschinenständers S. 10. — 4. Gehäuse einer Öldruckpumpe S. 14. — 5. Wirtschaftliches Formverfahren für Kerngußstücke S. 16. — a) für einen Brietenkasten S. 16 — b) für einen Kurbelkastendeckel S. 18. — 6. Wie formt man Riemenscheiben und ähnliche Teile mit größerer Breite als das vorhandene Modellmaß? S. 19. — 7. Formeinrichtung für Sperrradwalzen S. 20.

II. Schablonenformerei 22
8. Schabloniereinrichtung S. 22. — 9. Formen einer Scheibe nach Schablone S. 24. — 10. Wie werden die Schablonenmassen bestimmt? S. 26. — 11. Das Formen einer Aufnahmeplatte nach Schablone S. 27. — 12. Schablonieren einer dreiläufigen Stufenscheibe mittels Kleinschabloniereinrichtung S. 29. — 13. Das Formen von Schwungrädern und Zahnrädern nach Schablone S. 31. — 14. Herstellung einer Schüssel mit Stutzen, nach Schablone geformt S. 34. — 15. Schablonenformerei mit mehreren Spindeln S. 37 a) Verteilergehäuse S. 37 — b) Räderkasten S. 41.

III. Verwendung von Behelfsmodellen aus Gips 42
16. Anfertigung von Gipsmodellen, dargestellt am Beispiel einer Bohrlehre S. 42. — 17. Gipsmodell für einen Ventilatorträger S. 43. — 18. Gipsmodell für ein Lagerschild mit Vierkantflansch S. 44. — 19. Profiländerungen an Modellen mittels Gips S. 46.

IV. Formen nach Zeichnung ohne Modell 47
20. Herstellung von Sonderplanscheiben ohne Modell S. 48. — 21. Formen einer Richtplatte ohne Modell S. 52. — 22. Formen eines ungewöhnlichen Flanschenrohres S. 53.

Wichtige Angaben in Fußnoten:

Modellsand S. 3. — Berechnung der Belastungsgewichte S. 14. — Geeigneter Modellgips S. 50.

Alle Rechte, insbesondere das der Übersetzung in fremde Sprachen, vorbehalten.
ISBN 978-3-540-01516-1   ISBN 978-3-642-86984-6 (eBook)
DOI 10.1007/978-3-642-86984-6

Einleitung[1].

Der Former- und Gießerberuf ist einer der ältesten Berufe in der Handwerksgeschichte. Schon vor Jahrhunderten wurden Gußstücke angefertigt, welche uns heute noch mit Verwunderung und Achtung erfüllen. Trotz dieser weiten Vergangenheit mit ihrer reichen Überlieferung an Erfahrungen und Versuchsergebnissen bringen die unbegrenzten Möglichkeiten des Berufes es mit sich, daß ständig an der weiteren Vervollkommnung gearbeitet wird und sich ständig neue Vereinfachungen einführen lassen, denen das Verwickelte und Umständliche weichen muß.

Die Gießerei ist ein Teil der Gesamtfertigung. Wie kaum eine der übrigen Fertigungsstellen wird sie von der Geschicklichkeit und Erfahrung des Konstrukteurs beeinflußt. Nur wenige Konstrukteure verfügen über ausreichende eigene Erfahrungen aus der Gießereipraxis. Daher sei hier die Notwendigkeit hervorgehoben, daß die Konstrukteure sich bemühen, schon beim Entwurf die Modelltischlerei und die Gießerei zu Rate zu ziehen, damit von Anfang an auf die Schwierigkeiten und Sonderheiten des Formens und Gießens Rücksicht genommen wird. Verständnisvolle Zusammenarbeit ist hier die Hauptbedingung einer wirtschaftlichen Fertigung. Was darin versäumt wird, ist nachher auch durch die besten Bearbeitungsverfahren nicht wieder gut zu machen.

I. Modellformerei.

Am weitesten verbreitet ist das Formen nach fertig vorhandenen Modellen. Die Modellformerei wird oft wegen der Unmenge von einfachen Modellen als einfachstes Formverfahren betrachtet. Jedoch viele einfache Teile gehören in den meisten Fällen zu einem verwickelten Teil, woraus dann schließlich ein fertiges Erzeugnis im Maschinenbau entsteht. Deshalb soll hier für einige verwickeltere Gußstücke der gesamte Formvorgang beschrieben werden[2].

---

[1] Die erste Auflage dieses Werkstattbuches ist 1939 erschienen.

[2] Für das Gelingen eines guten Gußstückes ist der Modellsand als Hauptfaktor zu nennen, denn mit einem ungeeigneten Formsand lassen sich keine Qualitätsabgüsse erzeugen. Jedoch auch mit gutem Formsand muß man sich bei der Aufbereitung den Naturgesetzen fügen, andernfalls wird die Erscheinung auftreten, daß trotz Verwendung einer guten und mitunter durch Frachtunkosten erheblich teuren Sandsorte ruppige und rauhe Abgüsse entstehen.

Ein guter Sand muß bildsam, feuerbeständig, gasdurchlässig und widerstandsfähig sein. Die Zusammensetzung des Modellsandes richtet sich nach der Wandstärke der anzufertigenden Gußstücke und unterliegt keinen allgemeingültigen Grundbedingungen. Es ist reine Erfahrungssache des Meisters, die frachtgünstigste Sandsorte zu einem hochwertigen Modellsand zusammenzustellen. In der Regel muß man mit $1/3$ Neusand und $2/3$ Altsand auskommen bei einem Steinkohlenstaubzusatz zwischen 3 bis 6% der Sandmenge. Der Steinkohlenstaub soll gasreich (mindestens 32%) und aschenarm (höchstens 8%) sein. Braunkohlenstaub ist seiner schlechten Eigenschaften halber zu vermeiden.

Der Praktiker prüft den Modellsand auf seine Bildsamkeit mit der Hand. Er soll sich wollig und weich anfassen und in der Hand gut ballen lassen. Klebt er nicht an der Hand fest und gibt er die feinen Handlinien wieder, so ist er gut bildsam und zum Formen geeignet. Modellsand soll nach der Aufbereitung noch rd. 10 Stunden lagern, bis er die richtigen Eigenschaften hat. Vgl. hierzu W.B. Heft 68: Formsandaufbereitung und Gußputzerei.

1. Das Formen einer Bohrvorrichtung nach Naturmodell. In der Modellkonstruktion beginnt die wirtschaftliche Fertigung eines Gußstückes. Dabei ist besonders zu beachten, ob ein Stück mit oder ohne Kern herzustellen ist, denn man muß ja bei einem Stück mit Kern nicht nur den Mehraufwand an Kernmacherlohn einkalkulieren, sondern auch die Kernsandherstellung, weiter die Schuttabfuhr, denn Kernsand ergibt viel Schutt, ferner die Trockenkammerheizung und Instandsetzung. Nun hat natürlich ein Kern unbedingt seinen Platz dort, wo er erforderlich ist. Ist er jedoch zu vermeiden, so soll er auch unter allen Umständen wegbleiben, vorausgesetzt, daß bei seinem Wegfall kein Wagnis in einer anderen Beziehung entsteht, z. B. wie Wegspülen des Sandes an der bisher vom Kern gebildeten Stelle oder dgl. Des weiteren darf die kernlose Formerei gegenüber der Kernformerei anstatt der Unkostensenkung keine Unkostenerhöhung nach sich ziehen. Nicht ganz einfach ist deshalb immer die Anweisung, wie ein Modell anzufertigen sei, ob mit Kern, wobei vielleicht nur kleinere Kernstücke in Frage kommen, oder als Naturmodell, indem der Hauptkern durch mehrfaches Teilen des Modelles entbehrlich wird.

Selbstverständlich hat es der Former in den meisten Fällen einfacher, nach einem fast glatten Modell zu formen und dann in die Mitte einen Kern einzulegen; aber außer dem Former sind ja auch noch Kernmacher und Putzer in der Gießerei, und die Arbeitszeit von allen dreien zusammengerechnet kann erst den Ausschlag geben, ob man sich für dieses oder jenes Verfahren entscheidet. Als Nachteil von Naturmodellen für größere oder dünnwandige Teile sei hervorgehoben, daß sie sich leicht verstampfen und sich nach mehreren Abgüssen häufig verziehen, zumal im nassen Sand.

In Abb. 1 ist eine *Bohrvorrichtung* als fertiger Abguß zu sehen. Geformt wird sie nach einem Naturmodell in dreiteiligem Formkasten. Abb. 2 zeigt das Modell im zusammengesetzten Zustande, und in Abb. 3 ist es vollständig auseinandergenommen. Diese Teilung in vier Teile ist vorteilhaft, denn sie gewährleistet ein einfaches und einwandfreies Arbeiten. Vielfach findet man derartige Modelle nur einmal geteilt, indem die beiden Seitenteile an dem Oberteil befestigt sind und nur das Unterteil lose ist. Damit will man bezwecken, daß die Wände beim Einstampfen nicht aus dem Winkel gestampft werden, aber diese Befürchtungen sind unberechtigt. Um die Wände nicht aus dem Winkel zu verstampfen, ist vor allem erforderlich, daß die Seitenwände außergewöhnlich lange Dübel haben und alles weitere wird sich gleich zeigen.

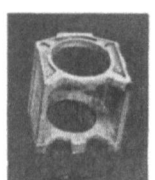

Abb. 1. Bohrvorrichtung, fertiges Gußstück.

Abb. 2. Modell der Bohrvorrichtung, zusammengesetzt.

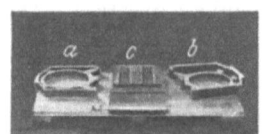

Abb. 3. Modell zerlegt. *a* Oberteil; *b* Unterteil; *c* zwei Seitenteile.

Geformt wird nun folgendermaßen: Das Unterteil wird auf einen glatten Boden gelegt und ein Kastenteil darüber gesetzt, wie in Abb. 4 zu sehen ist. Daraufhin wird dieser Teil vollgestampft, Luft gestochen und gewendet. Die Sandfläche poliert man glatt und steckt die beiden Seitenteile des Modelles in das Modellunterteil, sowie das Modelloberteil auf die oberen Dübel der Seitenwände (Abb. 5). In dieser Stellung besteht nicht die geringste Gefahr, daß die Seitenwände aus dem Winkel gestampft werden, denn nach innen oder außen können sie nicht, da das Oberteil beide zusammenhält, und ein Verschieben des Ganzen nach links oder rechts geht auch nicht, da die langen Dübel im Unterteil dies verhindern. Der Mittelkasten, bestehend aus einem flachen und höheren Kastenteil, wird nun darauf aufgestampft und in der Höhe der Seitenteile abpoliert, so, daß das Modelloberteil nicht mit zum Mittelkasten gehört. Der Eingußtrichter wurde mit dem Mittelkasten bereits mit eingestampft, damit das Stück von unten und oben gegossen werden kann. In Abb. 6 sieht man die Form fertig zum Auf-

Abb. 4. Unterteil des Modells im Formkasten.

Abb. 5. Kasten gewendet, übrige Modellteile aufgesetzt.

Abb. 6. Form fertig zum Aufsetzen und Aufstampfen des Oberkastens.

stampfen des Oberkastens. Wegen der langen, straff sitzenden Dübel ist es erforderlich, daß in das Modell zwei Spitzen eingeschlagen werden, wie die Abbildung zeigt, um es beim späteren Abheben des Oberkastens festzuhalten. Der Oberkasten wird nun aufgesetzt, vollgestampft, Einguß ausgebohrt und abgehoben. Aus dem Oberkasten nimmt man das Modell heraus und steckt Stifte; damit ist dieser Teil fertig, wie es Abb. 7 mit dem herausgenom-

Abb. 7. Oberkasten mit den herausgenommenem Modelloberteil.

Abb. 8. Alle drei Kästen fertig zum Zusammensetzen. a Unterkasten; b Mittelkasten; c Oberkasten.

menen Modellteil zeigt. Aus dem Mittelkasten werden nun die beiden Modellseitenteile herausgezogen und vom Einguß aus wird ein Anschnitt darin angebracht. Diesen Kasten heben wir dann vom Unterkasten ab und stellen ihn auf einen leeren Kasten ab. Als letztes der ganzen Form ist noch der Unterkasten fertig zu machen. Er bekommt ebenfalls einen Anschnitt. Das Modell wird herausgenommen, einige Stifte werden gesteckt, und fertig ist die ganze Form: In Abb. 8 ist sie vor dem Zusammensetzen zu sehen.

2. Die Herstellung schwierig zu formender Motorgehäuse. a) Ein Motorgehäuse wie es in Abb. 9 am Kran hängend zu sehen ist, wiegt 180 kg, hat einen Durchmesser von 500 mm und eine Höhe von 450 mm.

Abb. 10 zeigt das Modell, das in halber Höhe geteilt ist. Außen hat es 32 Kühlungsrippen und innen 32 durchgehende Luftkanäle (Abb. 9). Da die Luftkanäle durch Kerne gebildet werden, so ist für die 32 einzulegenden Kerne eine gemeinsame ringförmige Kernmarke (Abb. 10 bei b) am Modell vorhanden. Außen ist sie 10 mm hoch und innen 50 mm, da die Luftkanäle schräg anlaufen. Am unteren Ende hat das Modell genau dieselbe Kernmarke wie oben. In Abb. 11 ist der Kernkasten mit fertigen Kernen zu sehen.

Da das Modell zweiteilig ist, so gilt es vor allen Dingen, sich nicht irre machen zu lassen und das Stück etwa zweiteilig zu formen, denn es würde stark an praktischer Voraussicht fehlen, wenn man glauben wollte, man könnte bei zweiteiliger Formung die 32 Kerne in den Unterkasten stellen und dann den Oberkasten mit dem mittleren Ballen zulegen. Anstatt am nächsten Morgen mit freudig zufriedenem Gesicht das fertige Gußstück zu betrachten, würde man ganz sicher mit einer verstimmten Miene das Ausschußstück auf dem Bruchhaufen wiederfinden. Als sicherste Arbeitsweise kommt auch nicht die dreiteilige, sondern die vierteilige in Frage. Unerläßlich ist dabei, daß der innere Ballen des oberen Modellteiles als Kern hergestellt wird, wie ihn Abb. 12 und 13 zeigt. Als Kernkasten dient das Modell.

Nun zur Formherstellung selbst. Ein vierteiliger Formkasten, je 700/700 mal 190 mm groß, eignet sich sehr gut für dieses Stück. Das Modellunterteil wird mit der Teilungsfläche auf den Aufstampfboden gelegt, der eine Mittelkasten aufgesetzt, gut Modellsand angesiebt und in voller Kastenhöhe aufgestampft. Dies entspricht genau der Höhe der Rippen am äußeren Umfang, von wo sie zum Modell schräg nach oben anlaufen. Die gesamte außerhalb des Modells liegende Sandfläche wird glatt poliert, jedoch der innere Ballen nicht angerührt, da er mit dem Sand des Unterkastens binden soll. Nun wird dieser aufgesetzt und vollgestampft. Nachdem noch reichlich Luft gestochen ist, werden beide Teile am Kran angehängt und gewendet. Die gesamte Fläche wird hierauf gut

Abb. 9. Motorgehäuse im Kran; vorn das Modell.

poliert und dann die andere Modellhälfte aufgesetzt. Da für den zu diesem Modellteil gehörenden inneren Ballen der Kern Abb. 12 hergestellt worden ist, wird jetzt dieser innere Teil bis oben hin nur mit Füllsand aufgestampft und in genauer Höhe des Modelles glatt abgestrichen, poliert und, um jegliche Bindung mit dem später hinzukommenden Sand zu vermeiden, mit Papier abgedeckt. Nachdem dies geschehen ist, wird der zweite Mittelkasten aufgesetzt, man stellt zwei Eingußtrichter an gegenüberliegenden Ecken und stampft den Kasten bis zur äußeren Höhe der Rippen

Abb. 10. Modell zum Motorgehäuse; a Modellteilung; b Kernmarke.

Abb. 11. Kanalkerne a und Kernkastenhälften b dazu.

Abb. 12. Innenkern für Kastenoberteil.

voll, was wiederum genau mit der Kastenhöhe übereinstimmt. Auch dieser Teil wird gut poliert und dann der Oberkasten aufgesetzt. In das Modell werden zwei Modellschrauben eingedreht, um es beim Abheben zu halten. Auf dem äußeren Rand werden drei Keiltrichter als Steiger aufgesetzt. In die Mitte des mit Papier abgedeckten Ballens wird ein starker Trichter gesetzt, der beim Gießen zum Entweichen der Luft aus dem Mittelkern dient. Nachdem dieser letzte Kasten vollgestampft ist, zieht man sämtliche Trichter heraus und steckt eine Stange durch die Ösen der zwei Modellschrauben, welche das Modell festhalten. Der dritte und vierte Kastenteil werden zusammen an den Kran gehängt und abgehoben, aber noch nicht gewendet. Der Kasten bleibt in Kopfhöhe hängen, und nun wird der innere Ballen mit dem Putzeisen bis zum Papier herausgestochen, was nebenbei den Vorteil hat, daß der ganze herausgestochene Sand gleich herausfällt und die Form nicht beschädigen kann. Nachdem aller Sand herausgestochen ist, wird gewendet und abgesetzt. In den Rippen werden Stifte gesteckt und dann die beiden Modellhälften aus dem Sand gezogen, weiter die beiden Mittelkästen vom Unter- bzw. Oberkasten abgehoben und die Kästen für sich genau in Ordnung gebracht und geschwärzt. Der in der oberen Modellhälfte angefertigte Kern Abb. 12 wird nun in bereits trockenem Zustande

Abb. 13. Unterkasten mit aufgesetztem Kern.

auf den noch ungetrockneten Ballen des Unterkastens aufgesetzt und genau ausgerichtet (Abb. 13). In Abb. 14 sind alle vier Kastenteile zu sehen. Die schwierigste Frage des ganzen Stückes ist das Eingießen der 32 Kanäle, welche durch die Kerne Abb. 11 und 15 gebildet werden. Grundbedingung für ein gutes Gelingen ist, daß die Luft jedes einzelnen Kernes ganz einwandfrei entweichen kann, denn ein einzelner dieser Kerne könnte sonst die ganze Arbeit zunichte machen. Also wird in die ringförmige Kernmarke des Unterkastens Abb. 13 ein Luftring eingeschnitten, von welchem aus wiederum in ganz engen Abständen Luftkanäle durchgestochen werden. Die gesamte Luft der Kanalkerne wird somit nur durch den Unterkasten abgeführt. Jetzt kann nun das Einsetzen der Kanalkerne beginnen.

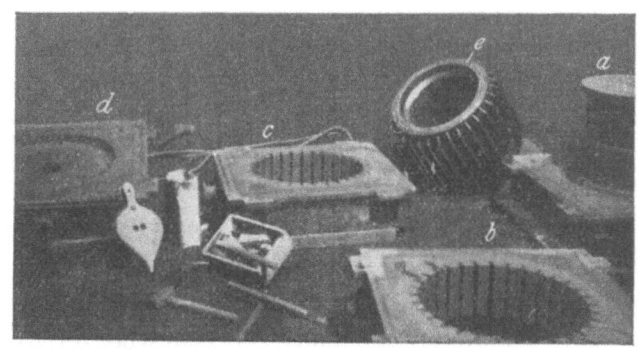

Abb. 14. Form zerlegt: a Unterkasten; b und c Mittelteile; d Oberkasten; e Modell.

Zur weiteren Sicherung wird das untere Ende jedes Kernes mit breiigem Ton bekleidet, damit die Zwischenräume gut dicht sind und beim Gießen kein flüssiges Eisen in den Luftkanal gelangen kann. Das Kerneinsetzen erfordert die größte Sorgfalt des gesamten Arbeitsganges. Jeder Kern wird einzeln senkrecht in die untere Kernmarke gestellt. Da viele Hände notwendig wären, um alle Kerne zu halten, damit sie nicht umfallen und die Form beschädigen, wird ein Gummiseil zu Hilfe genommen, welches jedesmal beim Einlegen eines neuen Kernes gedehnt wird und sich dann wieder zusammenzieht, eine recht einfache Lösung (Abb. 15). Am oberen Ende stützen sich die Kerne gegen den Hauptkern und gegeneinander. Nachdem alle Kerne eingesetzt sind, wird unten, oben und in der Mitte geflochtener Draht fest um die Kerne gezogen und das Gummiseil entfernt (Abb. 16). Der Unterkasten wird noch einmal übergeschwärzt und alle vier Kastenteile kommen in die Trockenkammer. Übrig bleibt nun am nächsten Tage noch der Formzusammenbau, der ganz sorgfältig vorzunehmen ist. Zwecks Dich-

Abb. 15. Einbau der Kanalkerne mittels Gummiseil.

Abb. 16. Kerne eingesetzt und durch geflochtene Drahtseile gehalten.

tung werden die Kästen in der Nähe der Eingußstengel außen mit Lehm verschmiert. Da die ganze Luft der Kanalkerne durch den Unterkasten entweichen muß, ist es notwendig, unter dem Unterkasten mit einem langen Luftspieß reichlich Luft zu stechen. Nachdem Einguß- und Steigetrichter aufgebaut sind und der Kasten genügend belastet und verklammert ist, wird abgegossen. Drei Stücke wurden bisher gegossen und auf Grund dieser, alle praktischen Regeln beachtenden Arbeitsweise wurde jeglicher Fehlguß vermieden.

Abb. 17. Abguß eines Motorgehäuses mit Außenrippen, liegend.

Abb. 18. Abguß eines Motorgehäuses mit Außenrippen, stehend.

b) Ein weiteres Motorgehäuse, mit 52 Außenrippen, jedoch ohne Innenkanäle, sei hier noch angeführt. Die Abb. 17 zeigt diesen Abguß in liegender und die Abb. 18 in aufrechter Stellung. Wie man schon am Abguß erkennt, sind diese Rippen ziemlich schwach und lang, was auch eine andere Formweise bedingt. Geformt wurde nach dem Modell, welches in der Abb. 19 zu sehen ist. Die Außenpartie des Modelles ist durch eine umschließende Kernmarke gebildet, während es im Innern eine durchgehende Öffnung zur Bildung des Gehäuseinnern besitzt, wodurch dieser Teil ohne Kern direkt in Formsand geformt werden kann. Geformt wird dreiteilig, wie aus der Abb. 20 zu ersehen ist, wo man vorn links den Unterkasten und rechts den Oberkasten sieht; der Mittelkasten steht hinter beiden in der Mitte. Nachdem die Form außer dem Mittelteil getrocknet ist, beginnt das Kerneinlegen.

Abb. 19. Modell für Motorgehäuse der Abb. 17 u. 18.

In der Abb. 21 ist der Hauptkern von hinten und in der Abb. 22 von vorn zu sehen. In beiden Fällen sind die Einsatzkerne (Abb. 25) noch nicht eingesetzt, worüber eine weitere Erläuterung beim Zusammenbau noch folgt. Über den Unterkasten wird zunächst der Hauptkern gesetzt, welcher wegen seiner besonderen Gewichtsverteilung an vier Stellen aufgehängt werden muß, weshalb gleich ein Aufhängering mit vier Ansätzen auf dem Plattenbett dazu gegossen wurde. In der Abb. 23 ist der Kern am Kran hängend zu sehen, wobei auch der dazwischen geschaltete Aufhängering zu sehen ist. In der Abb. 24 ist der Kern auf dem Unterkasten aufgesetzt, wo auch die Einsatzkerne (Abb. 25) in diesen eingeschoben sind, sie bilden die Fußpartie des Gußstückes. Der vordere kleine Kern in Abb. 25 dient zur Bildung der Fläche, in welche am fertigen Motor die Tragöse (Abb. 27) eingeschraubt wird; er wird in die in der Abb. 21 in halber Höhe sichtbare Öffnung eingesetzt. Als letzter Einsatzkern verbleibt noch der kleine hintere (Abb. 25), er ist zur Bildung der Klemm-

Abb. 20. Dreiteilige Form für Motorgehäuse. Links Unterkasten; rechts Oberkasten; dahinter Mittelkasten.

Abb. 21. Hauptkern für Rippenpartie, von hinten gesehen.

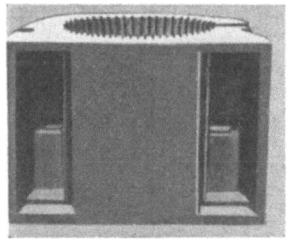

Abb. 22. Hauptkern für Rippenpartie, von vorn gesehen.

Abb. 23. Hauptkern am Kran hängend.

fläche erforderlich und wird in die in der Abb. 21 links oben sichtbare Öffnung eingesetzt.

Nachdem alle Einsatzkerne in den Hauptkern eingesetzt sind, wird der Mittelkasten aufgesetzt. Da das Modell allseitig um 50 mm größer gearbeitet ist als der Hauptkern, so sind jetzt nach dem Aufsetzen des Mittelkastens zwischen Kern und Formwand noch 50 mm freier Raum vorhanden. Dies hat den Vorteil, daß erstens das Mittelteil sich frei über den Kern setzen läßt, ohne irgendwie zu streifen, und daß zweitens die Einsatzkerne jetzt gut hinterstampft werden können, wobei der gesamte Zwischenraum zwischen Kern und Formwand hinterstampft wird. In der Abb. 26 ist der im Mittelkasten umstampfte Kern zu sehen. Die gesamte Form ist nun bis auf das Zulegen des Oberkastens soweit fertig. In der Abb. 27 ist ein fertiger Motor zu sehen, bei welchem ein derartiges Gehäuse verwendet wurde.

Abb. 24. Hauptkern auf Unterkasten aufgesetzt.

Abb. 25. Einsetzkerne für Hauptkern.

Da bei diesem Stück als eine der Hauptarbeiten die Anfertigung des Hauptkernes zu betrachten ist, so sei diese Arbeit noch kurz gestreift. Der zur Kernanfertigung benutzte Kernkasten ist im vollständig zusammengesetzten Zustande in der Abb. 28 zu sehen, welcher zunächst in seinen Einzelteilen beschrieben werden soll. In der Abb. 29 ist der Boden des Kernkastens zu sehen, auf welchem der untere Teil, welcher die Ausbuchtung des Außenabgusses (siehe Abb. 20 unten) ergibt, befestigt ist. An diesem Aufsatz kann man auch gleichzeitig die Einschnitte erkennen, in welchen die Rippen eine gute Führung erhalten. Als nächstes wird dann auf diesen Aufsatz der Körper gesetzt, wie dies in der Abb. 30 zu sehen ist. Alsdann wird auf den Körper noch ein Aufsatz aufgedübelt, welcher genau dem auf dem Boden befestigten gleicht, und dann werden die einzelnen Aluminiumrippen in die vorgesehenen Schlitze des unteren und oberen Aufsatzes eingesteckt, wie dies in der Abb. 31 zu sehen ist. Diese Zusammenstellung bis dahin dient zur Bildung der Innenkontur des Kernes, dem nun noch der Außenrahmen anzugliedern ist, welcher noch

Abb. 26. Fertige Unter- und Mittelform vor dem Aufsetzen des Oberkastens.

Abb. 27. Fertiger Motor mit Gehäuse der Abb. 17 u. 18.

Abb. 29. Boden des Kernkastens.

Abb. 28. Kompletter Kernkasten für Hauptkern.

Abb. 30. Kernkastenboden mit aufgesetztem Körper.

unterteilt ist, wie dies aus der Abb. 32 zu ersehen ist. Man erkennt dabei, daß zunächst der die Rundung bildende Teil aufgesetzt ist, und zwar das untere Stück davon, zu dem noch ein Aufsatz bis zur Höhe der beiden seitlich zu sehenden Leisten gehört. Diese Unterteilung ist zwecks besserer Zugänglichkeit beim Stampfen vorgenommen worden. Die Vorderwand des Kastens liegt mit den daran befindlichen Füßen auf dem Boden; sie braucht nur hochgestellt und mit dem übrigen Kastenteil befestigt zu werden, was dann den fertigen Kernkasten ergibt, wie er in der Abb. 28 zu sehen ist.

3. Das Formen eines Maschinenständers. Ständer für Maschinen werden in Unmengen in Gießereien tagtäglich angefertigt. Aber so groß ihre Zahl ist, so verschiedenartig sind auch die Konstruktionen. Das

Formen eines nicht unter die einfachsten Arbeiten zu rechnenden Ständers für eine Sondermaschine soll jetzt beschrieben werden.

Abb. 33 zeigt den fertigen Ständer. In Abb. 34 ist das halbe Modell, welches für den Unterkasten vorgesehen ist, auf dem Aufstampfboden zu sehen. Darüber wird der Unterkasten gesetzt. Doch bevor das Einstampfen beginnt, werden am Unterkastenmodell die beiden Stellen

Abb. 31. Kernkastenboden mit in den Körper eingesteckten Aluminiumrippen.

Abb. 32. Kernkasten mit aufgesetztem Außenrahmen und davorliegender Vorderwand.

ermittelt, an denen die beiden Kerne am vorteilhaftesten abgestützt werden sollen. An diesen beiden Stellen (a u. b Abb. 34) wird je ein Gußeisenstück von ungefähr 50 × 50 × 20 mm aufgelegt und fest unter die Kastenrippe geklemmt. Die Gußklötzchen werden vorher leicht mit Öl bestrichen und mit Graphit bestreut. Beim späteren Kerneinlegen stellen wir auf diese Stücke je ein Kernböckchen von 10 mm Höhe, der Wandstärke entsprechend. Diese beiden Kernböcke halten den ganzen Kern auf der Unterfläche; da die eingestampften Gußklötze unter die Kastenrippe geklemmt sind, so können sie nicht nachgeben. Etwaige Bedenken, daß das Gußklötzchen wegen seiner abschreckenden Wirkung Nachteile für das fertige Gußstück haben wird, sind ganz unberechtigt, denn der Ständer wird nie an einer dieser Flächen bearbeitet, darum ist es auch belanglos,

Abb. 33. Maschinenständer, Gußstück.

wenn an diesen beiden Stellen etwas härteres Gefüge entsteht. Andererseits ist diese Befestigung die allersicherste und außerdem die allerbilligste, denn mit Stangenkernstützen oder ähnlichen Abstützmitteln verbraucht man wesentlich mehr Zeit.

Nach dem Festklemmen der beiden Klötzchen wird Modellsand aufgesiebt, Füllsand eingeschaufelt und aufgestampft. Dann wird der Unterkasten gewendet, abpoliert und der andere Modellteil aufgelegt, wie Abb. 35 zeigt.

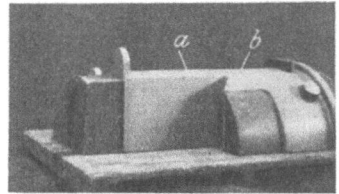

Abb. 34. Modellhälfte für Unterkasten auf dem Aufstampfboden. a und b Abstützstellen für die Kerne.

Abb. 35. Zweite Modellhälfte auf dem Unterkasten.

Wir wählen die dreiteilige Formweise und wollen das Stück von halber Höhe gießen. Daher wird jetzt der Mittelkasten aufgesetzt, der Eingußstengel gestellt, der auch durch den später aufzusetzenden

Oberkasten hindurchgehen muß, und vollgestampft. Die Formteilung am Mittelteil zeigt Abb. 36. Hier sind Rundeisen zwischen die Längswände straff eingeschlagen und auch einige Sandhaken mit eingestampft worden, welche dem Sand, zumal beim Wenden des Kastens, einen guten Halt geben. Auf den abpolierten Mittelteil wird nun der Oberkasten aufgesetzt. Bei diesem muß ebenso wie früher beim Unterkasten vor dem Einstampfen die Kernbefestigung berücksichtigt werden. Zwei Stangenkernstützen werden jetzt gleich an die günstigsten Stellen gestellt, um mit eingestampft zu werden, dann brauchen sie später nur um das Maß der Wandstärke durch den Oberkasten hindurchgeschoben zu werden. Damit die Kernluft beim Gießen einwandfrei entweichen kann, wird an beiden Enden unmittelbar an die Kernmarken je ein Stengel gestellt, welcher mit aufgestampft wird und dann einen guten Gaskanal bildet (Abb. 39). Nachdem also die beiden Stangenkern-

Abb. 36. Formteilung im Mittelkasten.
a Eingußstengel.

Abb. 37. Unterkasten ohne Modell.
a Anschnitte.

Abb. 38. Mittel- und Oberkasten nach Herausnahme der Modellteile zusammengesetzt.

stützen, die beiden Gastrichter sowie noch ein Steiger gestellt sind, kann der Oberkasten übergesiebt und aufgestampft werden. Abgehoben werden Mittel- und Oberkasten zusammen. Im Unterkasten werden drei Anschnitte angebracht, das Modell mit Wasser angezogen und aus der Form herausgenommen, wie Abb. 37 zeigt. Die schmale Sandwand hinten und vorn an der Kernmarke wird herausgekratzt, was später näher erläutert wird. In Abb. 38 sind Ober- und Mittelkasten nach Herausnahme des Modells noch zusammen, während Abb. 39 den fertigen Oberkasten zeigt. Aus dem Mittelkasten wird ebenfalls die schmale Wand hinten und vorn an der Kernmarke herausgekratzt. Nachdem die Form noch sauber in Ordnung gebracht ist,

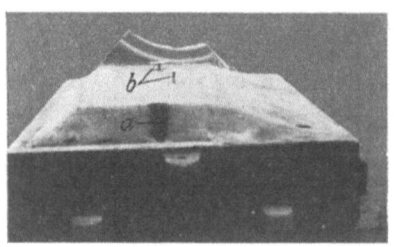

Abb. 39. Fertiger Oberkasten. *a* Loch für die Kernluft; *b* Stangenkernstützen.

verbleibt nur noch das Kerneinlegen, was mit größter Sorgfalt und Gewissenhaftigkeit vor sich gehen muß, wenn das Stück einwandfrei gelingen soll. In das ganze Stück sind vier Hauptkernstücke einzulegen, und zwar in den Unterkasten zwei und unmittelbar auf diese noch je ein Stutzenkern (Abb. 40). Diese vier Kerne sind notwendig wegen der einzugießenden Stutzen. Zunächst wird ein seitlicher Aussparungskern *c* (Abb. 40) eingelegt, auf die beiden eingestampften Gußklötzchen je ein Kernböckchen von 10 mm Höhe gestellt, darauf zuerst der größere der beiden Kerne an der vorgesehenen Öse e angehängt und eingelegt. An der Kastenwand ruht er in der Kernmarke und in der Mitte der Form auf dem einen Kernböckchen. Dann wird der zweite Kern an der Öse f angehängt und eingelegt, der ebenfalls außen in der Kernmarke sitzt und weiter innen auf dem anderen Kernböckchen. Nach dem Einlegen müssen diese beiden Kerne nach den Seiten und vor allem auch gegeneinander gut abgesteift werden, damit die schräge Wand d ihre 10 mm Stärke erhält. Auch zwischen Kernen und Seitenwänden

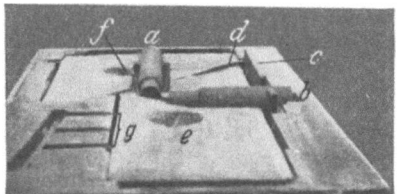

Abb. 40. Unterkasten mit eingelegten Kernen.
a u. b Stutzenkerne; c Aussparungskern; d schräge Wand; e u. f Kernösen; g Anschnitte.

Abb. 41. Mittelkasten auf Unterkasten aufgesetzt; Wandstärke nachprüfen.

werden Kernböckchen eingeschoben, vorwiegend an der den Anschnitten g gegenüberliegenden Wand, damit das einfließende Eisen den Kern nicht herumdrücken kann. Dann werden die Stutzenkerne a und b eingelegt, welche keine Schwierigkeiten bereiten, sondern nur mit guter Kernluftabführung versehen sein müssen. Auf die in Abb. 40 sichtbaren Kerne kommen nun gleich die beiden Oberkerne, welche gut ausgerichtet und wegen der Zwischenwand d ebenfalls gegenseitig gut abgesteift werden. Dann wird der Mittelkasten vom Oberkasten abgehoben, gewendet und ganz gleichmäßig auf den Unterkasten aufgesetzt, wie Abb. 41 zeigt. Hier tritt der Vorteil des dreiteiligen Formens ganz besonders hervor. Man hat jetzt die genaue Lage der Kerne vor Augen, was bei zweiteiliger Formerei nie zu sehen ist.

Daß die schmalen Sandwände hinter den Kernmarken aus dem Unter- und Mittelteil (s. oben) herausgebracht wurden, dient der Kernluftabführung. In halber Höhe der unteren Kerne wird je ein Holzstengel an den Luftkanal des Kernes angelegt und der übrige Raum mit Sand bis zur Kastenhöhe ausgestampft, dann wird der Stengel herausgezogen. Dies geschieht bereits vor dem Aufsetzen des Mittelteiles, und danach wird durch den Mittelkasten der Stengel in das Loch des Unterkastens hineingesteckt, so daß er auch am Luftkanal des oberen Kernes vorbeiführt. Hier wird ebenfalls der ausgekratzte Raum ausgestampft und dann der Stengel herausgezogen. Man muß jedoch dabei Obacht geben, daß kein Sand in die fertige Form fällt, vorsichtshalber deckt man deshalb die nächstliegenden Stellen der Form mit einem Tuch ab. Auf solche Weise kann die Kernluft einwandfrei durch die beiden Lufttrichter, welche bereits im Oberkasten mit eingestampft waren, entweichen. Damit jedoch über die oberen Kernmarken kein flüssiges Eisen in den Luftkanal hineinlaufen kann, legt man über die beiden Kernmarken je einen Lehmstreifen und dichtet diese Stellen ab. Der Oberkasten Abb. 39 wird nun an den Kran gehängt, gewendet und zugelegt. Die beiden Stangenkernstützen b, deren Enden aus dem Oberkasten herausragen, werden jetzt tiefer geschoben, bis sie auf dem Kern aufsitzen. Die Enden der Stützen werden mit Lehm am Sand festgedrückt, damit sie nicht durchrutschen, weil sie jetzt gelockert sind, und dann wird der Oberkasten noch einmal abgehoben. Man kontrolliert dabei die Wandstärke der Oberfläche, welche an der Tiefe der beiden Kernstützen zu erkennen ist, und vergewissert sich, ob der Lehm auf den beiden

14   Modellformerei.

Kernmarken am Oberkasten dicht sitzt. Ist alles in Ordnung, so wird der Oberkasten wieder zugelegt. Einguß und Steiger werden aufgebaut und als Hauptsache die beiden Kernstützen gegen ein schweres Belastungseisen, welches aufgelegt wurde, abgestützt, damit die Kerne sich vom Druck des einfließenden Eisens beim Gießen nicht heben[1]. Unter dem Unterkasten wird noch reichlich Luft gestochen und fertig bis aufs Gießen ist die ganze Form.

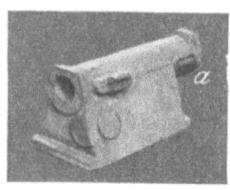 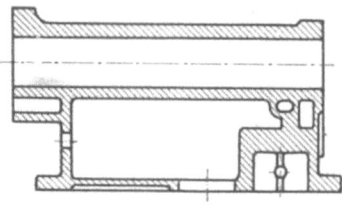 

Abb. 42. Abguß eines Pumpengehäuses.   Abb. 43. Schematischer Längsschnitt des Pumpengehäuses.   Abb. 44. Zusammengesetztes Modell.

4. Gehäuse einer Öldruckpumpe. Als ein ausgesprochen schwieriges Gußstück kann die Öldruckpumpe, welche als Abguß in Abb. 42 und 43 zu sehen ist, angesprochen werden.

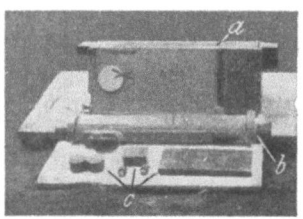

Abb. 45. Modell zerlegt: a Mittelteil; b Oberteil; c Unterteile.

In Abb. 44 sieht man das Modell im zusammengesetzten Zustande und in Abb. 45 in seine Teile zerlegt. Wie man aus diesen Aufnahmen bereits erkennen kann, wurde die dreiteilige Formweise gewählt. Der Vorteil der Dreiteilung liegt bei diesem Stück darin, daß man die Kerne besser befestigen und nach Aufsetzen des Mittelkastens ihre genaue Lage noch einmal prüfen kann.

Der Mittelteil (Abb. 45) des Modelles wird auf den Aufstampfboden gelegt, der Mittelkasten darüber gesetzt und vollgestampft. Da der Kasten etwas höher ist als das Modell, so wird vom Modell aus zur Kastenkante der Sand schräg abgestrichen, anpoliert und mit Trennsand bestreut (Abb. 46), danach der Oberkasten aufgesetzt und gleichfalls vollgestampft. Beide Teile, Mittel- und Oberkasten, werden gewendet und abpoliert[2], darauf die losen Kernmarken in die entsprechenden Dübellöcher eingesetzt (Abb. 47). Nun wird der Unterkasten aufgesetzt, vollgestampft und abgehoben, jedoch noch nicht auf einen Herd am

---

[1] Die Kerne sind spezifisch leichter als flüssiges Eisen und haben deshalb das Bestreben, aufzuschwimmen. Diesen Auftrieb kann man berechnen, indem man den Rauminhalt des Kernes mit dem Unterschiede der spezifischen Gewichte mal nimmt: flüssiges Eisen 7,5, Kern je nach Art der Herstellung rd. 1,5, also Auftrieb je dm³ Kern 6 kg. Beispiel: Kern 1000 mm lang, 250 mm breit, 200 mm hoch; Inhalt = $4 \cdot 2{,}5 \cdot 2 = 20$ dm³, Auftrieb = $6 \cdot 20 = 120$ kg. Der durch Belastungsgewichte oder durch Verklammern der Kästen aufzunehmende Druck des flüssigen Eisens in kg ist gleich der waagerechten Fläche der Form in der Teilungsebene in dm² mal 7,5 mal Höhe in dm von der Teilungsebene bis zur Eisenoberfläche im Einguß. Dringt flüssiges Eisen in die Teilungsfläche, so vergrößert sich die in Rechnung zu stellende waagerechte Fläche entsprechend. Man darf daher bei der Berechnung diese Fläche nicht zu knapp annehmen. Beispiel: Kastenfläche 800×500 mm, waagerechter Querschnitt der Form in der Teilungsebene rd. 650×400 mm, Höhe von dieser Ebene bis Oberkante Einguß 250 mm; Druckfläche zur Sicherheit ungefähr Mittel zwischen $8 \cdot 5$ und $6{,}5 \cdot 4$, also $\frac{1}{2}(8 \cdot 5 + 6{,}5 \cdot 4) = 33$ dm²; Auftrieb $= 33 \cdot 2{,}5 \cdot 7{,}5 = 618{,}75 \approx 620$ kg. Belastung wenigstens 620 kg abzüglich Gewicht des Oberkastens.

[2] Beim „Abpolieren" versteht sich von selbst, daß auch Trennsand gestreut wird, auch wenn dies nicht ausdrücklich gesagt wird.

Boden abgesetzt, sondern auf zwei aufrechtstehende Formkastenteile gestellt. Die Kernmarken werden zunächst aus der Form gezogen und dann kann das Kerneinlegen in den Unterkasten beginnen, die schwierigste Arbeit des ganzen Stückes,

Abb. 46. Mittelkasten aufgestampft, Modelloberteil aufgelegt.

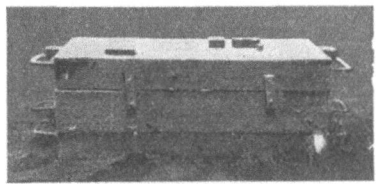

Abb. 47. Mittel- und Oberkasten aufgestampft und gewendet, Kernmarken für den Unterkasten aufgedübelt.

die mit größter Gewissenhaftigkeit ausgeführt werden muß. Über die Kerne selbst sind vorweg noch einige erläuternde Worte zu sagen. In Abb. 48 ist ein gebogenes verzinntes Rohr zu sehen, welches in das Innere der Pumpe einzugießen ist; aus diesem Grunde wird es in den Hauptkern mit eingestampft, so daß nur die Enden frei liegen und daher mit eingegossen werden, während die jetzt im Kern bedeckten Teile des Rohres später im Innern des Abgusses frei liegen. Das Rohr mußte selbstverständlich vor dem Kerneinlegen fest mit Formsand gefüllt werden, damit beim Gießen kein flüssiges Eisen in sein Inneres dringen kann. Abb. 49 zeigt den

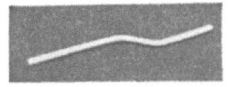

Abb. 48. Einzugießendes verzinntes Stahlrohr.

Hauptkern von der Unterseite aus, um die Kernauflage erkennen zu lassen. Rechts sieht man eine kleine quadratische Kernmarke a, die zusammen mit der breiten Kernmarke b eine sichere Auflage für den Kern bildet. Diese Kernmarke b ist auch noch erforderlich, weil das ganze Stück sich sonst gar nicht dreiteilig formen läßt, denn das Modell muß nach der breiten Seite aus der Form herausgenommen werden, was bei dem überstehenden Stutzen a (Abb. 42) sich sonst kaum machen

Abb. 49. Hauptkern von unten gesehen. a quadratische Kernmarke; b hintere Kernmarke.

Abb. 50. Hauptkern auf hochgestellten Unterkasten aufgelegt. a freies Rohrende; b Einschnitt des Kernes.

ließe. In Abb. 50 sieht man den Hauptkern auf den Unterkasten aufgesetzt. Man erkennt hier auch einen Einschnitt b zwischen vorderem und hinterem Teil. Der Kern hat in diesem Einschnitt nur eine kleine Verbindungsstelle. Damit er jedoch trotzdem fest zusammenhält, wird beim Kernaufstampfen ein starkes gußeisernes Kerneisen hier mit eingestampft. Damit der schwere Kern den Unterkasten, welcher doch auf zwei Kastenteilen frei steht, nicht durchdrückt, wurde beim Aufstampfen des Unterkastens über den beiden Kernmarken Abb. 47 je eine Schore straff eingeschlagen. In Abb. 51 sieht man zwei weitere Kerne, bei denen besonders die an den Kernmarken herausragenden Kerneisen auffallen. Sie bezwecken, daß diese beiden Kerne sich unter keinen Umständen beim Gießen von flüssigem Eisen in der Form verschieben lassen, was bei ihrer vollständigen Umspülung mit Eisen sehr leicht geschehen kann. Kern b wird jetzt zuerst in den Unterkasten eingesetzt (Abb. 52), danach a. Die vorstehenden Kerneisen beider Kerne sind etwas länger als die Entfernung von Unterkante Kernmarke bis Unterkante Formkästen, so daß ihre Enden, die mit Gewinde versehen sind, unter dem Formkasten hervorstehen. Da der Unterkasten auf zwei hochkant stehenden Formkästen abgesetzt ist, ist seine Unterfläche gut zugänglich: man schiebt nun über die vorstehenden Enden der Kerneisen gelochte Laschen und schraubte sie mit Muttern fest. So werden die beiden Kerne in ihrer Lage un-

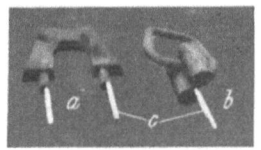

Abb. 51. Kanalkerne a u. b mit vorstehenden Kerneisen c.

Abb. 52. Kanalkern neben Hauptkern eingelegt.

verrückbar festgehalten. Da der Hauptkern nicht von unten, sondern von oben befestigt wird, kann der Unterkasten nun auf einem einwandfreien Herd abgesetzt werden. Aus dem Mittelkasten, welcher noch auf dem Oberkasten sitzt (Abb. 47), wird das Hauptmodell herausgenommen, und die Kanten werden mit Wasser angezogen. Dann heben wir den Mittelkasten selbst ab, schwenken ihn und setzen ihn unmittelbar auf den Unterkasten auf, wobei man einen sehr guten Überblick über die gesamte Kernlage hat (Abb. 53). Unter der fertig zugelegten Form wird noch reichlich Luft gestochen, damit die Gase beim Gießen ungehindert entweichen können. Zum Gießen sei noch bemerkt, daß das Stück sehr gut durchgegossen werden muß, um es gut dicht zu bekommen.

Abb. 53. Mittelkasten mit eingelegtem Kern k.

5. Wirtschaftliches Formverfahren für Kerngußstücke. Reichhaltig und unbegrenzt sind die Talente, welche im Formerberuf zutage treten müssen, denn nicht allein das „Machen" ist ausschlaggebend, sondern einzig und allein das *wirtschaftliche* Herstellen unter Ausnutzung sämtlicher sich bietender Vorteile. Vorteile müssen aber gesucht und ersonnen werden und sind größtenteils das Ergebnis vieler vorangegangener Versuche und nicht selten von Pech und Rückschlägen begleitet.

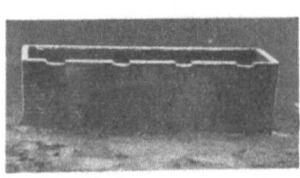

Abb. 54. Brietenkasten-Abguß.

Abb. 55. Umgearbeitetes Modell: a vergrößerte Kernmarke; b auf der Kernmarke angebrachter Einguß.

a) *Für einen Brietenkasten* (Abb. 54) soll im folgenden ein vereinfachtes Formverfahren beschrieben werden.

Der bisher übliche Herstellungsgang wurde verlassen und eine grundsätzliche Änderung am Modell vorgenommen. Es erhielt eine Kernmarke, welche das ganze Modell an allen Seiten um 50 mm überragt, wie es in Abb. 55 zu sehen ist. Gleichzeitig mußte auch der dazugehörige Kernkasten Abb. 56 geändert werden, denn der Kern muß genau mit der Kernmarke übereinstimmen, da diese für ihn bei der neuen Herstellung die einzige Führung abgibt. Zunächst sei die *Kernherstellung* beschrieben. Das Kerneisen Abb. 57a, dessen Rundeisenstäbe mit eingegossen wer-

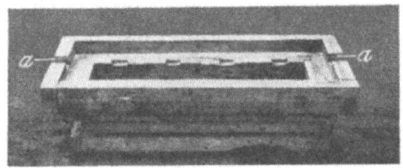

Abb. 56. Neuer Kernkasten. *a* Einschnitte für Kerneisenenden.

Abb. 57. Kerneisen und Kernkasten. *a* Kerneisen; *b* herausstehende Kerneisenenden; *c* Eingußstengel.

den, wird mit den beiden Enden *b* in die Aussparungen *a* (Abb. 56) des Kernkastens gelegt, welche so tief sind, daß das eingelegte Kerneisen gleich die richtige Höhenlage hat. Weiter wird bei *c* (Abb. 57) der Einguß-trichter gestellt, damit er im Kern mit eingestampft wird. Nach dem Vollstampfen des Kastens (Abb. 57) wird der Eingußtrichter wieder herausgezogen, der Kern aus dem Kasten ausgeschlagen und in die Trockenkammer

Abb. 58. Fertiger Kern. *a* Eingußloch.

Abb. 59. Hölzerner Formkasten. *a* Querschoren; *b* Ausschnitt für Kerneisen.

geschafft. In Abb. 58 sieht man den fertigen Kern.

Das Formen selbst ist jetzt einfach, da dem Stück die Schwierigkeit genommen ist. Auch der *Formkasten* hat seine Eigentümlichkeit. Er besteht aus einem einfachen Rahmen (Abb. 59) mit einigen Querschoren *a*, um das Herausfallen des Formsandes beim Wenden zu vermeiden. An den Stellen *b*, an denen das Kerneisen aus dem Formkasten herausragt, ist er entsprechend ausgespart. Da keine Führungsstifte, Führungslappen und gehobelte Flächen erforderlich sind, wird ein Holzkasten benutzt, der aus ungehobelten Brettern ziemlich schnell und einfach zusammengeschlagen wurde. Nach dem Guß wird dieser Kasten, um seine Lebensdauer zu erhöhen, einfach mit Wasser übergossen. Dieser Formkasten Abb. 59 hatte bei der Aufnahme schon rd. 25 Güsse hinter sich, und kann, nach dem Aussehen zu urteilen, bei halbwegs guter

Abb. 60. Form fertig zum Einlegen der Kerne. *a* Anschnitte; *b* Einschnitte im Formkasten; *c* Kernmarke.

Behandlung noch sehr viel Abgüsse vertragen. Man soll also nicht voreingenommen sein gegen den Holzkasten, sondern sich selbst im angebrachten Falle durch Versuche von seinen Vorteilen überzeugen.

Geformt wird nun wie üblich; das Modell Abb. 55 wird auf den Aufstampfboden gelegt, der Formkasten Abb. 59 darübergesetzt, vollgestampft, Luft gestochen und der Kasten auf einen Herd gewendet. Ein Oberkasten ist bei diesem Formverfahren entbehrlich. Mit einem großen Wasserpinsel wird nun die Kernmarke mit Wasser angezogen, das Modell losgeschlagen und aus der Form gezogen. Die Kanten werden auch etwas mit Wasser angezogen und, wo erforderlich, Stifte gesteckt. So ist die ganze Form bis auf das Einlegen des Kernes fertig. In dieser Stellung ist Abb. 60 aufgenommen. Der Kern Abb. 58 wird jetzt an den vorstehenden Kerneisen von zwei Formern angehoben, in der Luft gewendet und in die

Form eingelegt, wobei die Kernmarke als Führung dient. Ein Eingußring *a* (Abb. 61) wird über den im Kern befindlichen Trichter gesetzt und so ist die Form fertig. Damit der Kasten dem Druck des Eisens nicht in der Breite nachgeben kann, wird noch eine Klammer *b* (Abb. 61) über den Kasten geschoben. Belastet wird der Kasten, wie in Abb. 62 zu sehen ist, indem man den Kern unter den etwas höher gelegten Belastungseisen gleichmäßig mit Schließkeilen abfängt. Damit jedoch die Sandform der Schwere des Kernes und der Belastungseisen gewachsen ist und an der verhältnismäßig schmalen Kernauflage ringsum kein Sand weggedrückt werden kann, sind beim Einstampfen der Form auf die vier Ecken der Kernmarke des Modelles Abb. 55 kleine Eisenklötze gelegt worden, die mit eingestampft wurden und nun dem Kern eine feste Auflage gewähren.

Abb. 61. Form mit eingelegtem Kern.
a Eingußring; *b* Klammer; *c* vorstehendes Kerneisenende.

Abb. 62. Fertige, belastete Form.
a Schließkeile zum Abfangen des Kernes.

Werden derartige Stücke als Massenteile angefertigt, so läßt man am vorteilhaftesten zwei Former zusammen arbeiten. Einer formt und der andere macht die Kerne, beide können sich dann tatkräftig unterstützen, ohne größeren Aufenthalt dabei zu haben. Der Formplatz muß sich in nächster Nähe der Trockenkammer befinden, damit nicht unnötige Transportarbeiten die Herstellung verteuern. Als Kernformstoff ist ein billiger Sand unter Beimengung von geeignetem Kernbinder zu verwenden.

b) *Ein Kurbelkastendeckel,* dessen ursprüngliches Modell in Abb. 63 zu sehen ist, wurde ebenfalls vorteilhaft nach obigem Verfahren hergestellt. In Abb. 64

      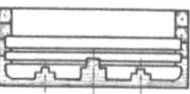

Abb. 63. Holzmodell für Kurbelkastendeckel.
a alte Kernmarke.

Abb. 64. Umgeändertes Modell.
a neue Kernmarke.

Abb. 65. Alter Kernkasten.

ist das umgeänderte Modell mit der überstehenden Kernmarke angedeutet. Abb. 65 zeigt den alten und Abb. 66 den neuen Kernkasten. Das dazu gehörige Kerneisen ist in Abb. 67 zu sehen, der fertige Kern in Abb. 68. Geformt wird genau so, wie in dem oben unter a ausführlich beschriebenen Fall. Abb. 69 stellt die fertige Form mit dem bereits eingelegten Kern dar. Da der Kern jedoch bei diesem Stück bedeutend schwerer ist als beim ersten und die ganze Formwand zusammendrücken könnte,

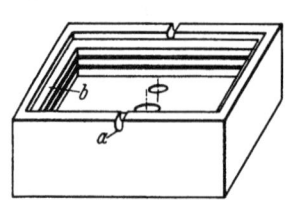

Abb. 66. Neuer Kernkasten.
a Einschnitte für Kerneisen; *b* Kernmarke.

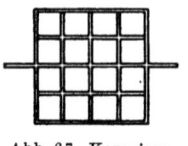

Abb. 67. Kerneisen.

muß hier der Kern durch die Formkastenwand gestützt werden. In Höhe der Kernmarke werden vier rechteckige Löcher *d* (Abb. 69) von rd. 35 × 35 mm dicht am Ende des Kastens in die Formkastenwand (auch Holzkasten)

Wie formt man Riemenscheiben und ähnliche Teile mit größerer Breite als das Modellmaß? 19

eingearbeitet und zwei Vierkanteisen von 25 × 25 mm hindurchgesteckt, so daß sie beim Aufsetzen des Formkastens auf das Modell genau auf der Kernmarke aufliegen und somit die richtige Höhe haben. Ihre Enden werden dann in den Löchern der Kastenwand mit eisernen Splinten befestigt, damit sie ihre Lage auch beim Abheben usw. beibehalten. So hat der Kern später eine sichere Auflage.

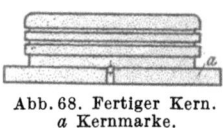

Abb. 68. Fertiger Kern. a Kernmarke.

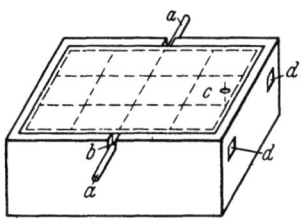

Abb. 69. Schema der fertigen Form mit eingelegtem Kern. a vorstehende Kerneisenenden; b Formkasteneinschnitte; c Einguß; d quadratische Löcher.

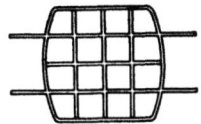

Abb. 70. Kerneisen für breitere Kerne, vier vorstehende Enden.

Bei Werkstücken mit breitem Kern kann man das Kerneisen auch, wie Abb. 70 zeigt, auf jeder Seite mit zwei langen Enden versehen. Dadurch wird das Anheben und Einlegen des Kernes erleichtert.

6. Wie formt man Riemenscheiben und ähnliche Teile mit größerer Breite als das vorhandene Modellmaß? Abb. 71 zeigt ein Riemenscheibenmodell von 275 mm Durchmesser und 170 mm Höhe. Verlangt wurde eine Riemenscheibe von gleichem Durchmesser, jedoch 210 mm Höhe, für welche dieses Modell verwendet wurde. Am vorteilhaftesten ist die dreiteilige Herstellungsweise. Dabei muß der Mittelkasten mit seiner Oberkante, gemessen von der Oberkante des Modelles, genau um so viel höher liegen wie die Verlängerung der Scheibe betragen soll.

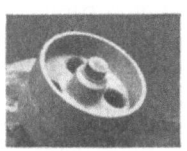

Abb. 71. Modell einer Riemenscheibe.

Abb. 72. Modellhälfte, die verlängert werden soll. a Unterlagen, damit das Modell zum Mittelkasten in richtiger Höhe liegt.

Ist ein Formkasten von dieser Höhe nicht vorhanden, so kann man sich dadurch helfen, daß man einen etwas höheren Kasten nimmt und das Modell auf dem Aufstampfboden mittels Hölzchen oder Eisenstücken um das entsprechende Maß höher legt. In Abb. 72 sieht man ein halbes Modell auf dem Aufstampfboden, welches mit zwei Hölzchen von je 10 mm Stärke höher gelegt ist. Dieser Modellteil ist derjenige, der verlängert werden soll. Auf den Aufstampfboden wird nun der vorher in der Höhe abgemessene Mittelkasten gestellt und vollgestampft. Dann wird mit einer aus Blech herausgeschnittenen Ziehschablone der Sand abgezogen, wie in Abb. 73 zu sehen ist, wo man auch die richtige Stellung der Ziehschablone erkennt. Ihr unterer Anschlag läuft im Innern des Modelles und sitzt mit dem Einschnitt auf der Modelloberkante, während sie oben auf der Formkastenwand geführt ist. Daß die Ziehschablone erforderlich ist und man den Ballen nicht einfach nach der Formkastenwand ziehen kann, wird man im weiteren Verlauf noch erkennen. Auf den Mittelkasten wird sodann der Unterkasten aufgesetzt und vollgestampft. Beide Teile zusammen werden anschließend gewendet und poliert, dann wird das Oberkastenmodell in die Dübel eingesetzt, der Oberkasten aufgesetzt, vollgestampft und abgehoben. Jetzt wird einfach das Modell aus dem Mittelkasten herausgezogen (Abb. 74). Als nächstes wird der Mittelkasten vom

Abb. 73. Mittelkasten aufgestampft. a Ziehschablone.

Abb. 74. Mittel- und Unterkasten nach Herausnahme des Modelles.

2*

Unterkasten abgehoben, gewendet und auf einem leeren Kastenteil abgesetzt. In Abb. 75 sind beide Teile in dieser Lage zu sehen. Man erkennt dabei am Unter-

Abb. 75. Mittelkasten vom Unterkasten abgehoben und gewendet. *a* schräg anlaufender Ballen; *b* Aussparung.

Abb. 76. Verschneiden des Unterkastens und Zudämmen des Mittelkastens. *a* verschnittene Stelle; *b* zugedämmte Stelle; *c* Modell.

kasten den schräg anlaufenden Ballen *a* und im gewendeten Mittelteil die Aussparung *b*, welche mit dem Ballen genau übereinstimmt. Jetzt kommt nun der Kernpunkt der ganzen Arbeit, die Verlängerung der Scheibe. Am Unterkasten wird mit dem Werkzeug der schräge Ballen abgeschnitten, und zwar in Richtung des hohen Riemenscheibenballens um die erforderlichen 40 mm nach unten, d. h. so tief, wie die Höhe des Streusandes es angibt (Abb. 76 bei *a*). Hier tritt der Vorteil der Ziehschablone hervor, daß in Höhe des Mittelkastens eine gleichmäßige,

Abb. 77. Form fertig zum Zulegen. *a* ringsum verschnitten; *b* zugedämmt.

ebene Fläche geschaffen wurde, deren Gegenfläche am Unterkasten als einwandfreie Lehre für das Sandabschneiden dient. Dem Abschneiden entsprechend muß im Mittelkasten die Aussparung mit Sand zugedämmt werden. Besteht nun das Modell aus Holz, so ist die einfachste Lösung, das Modell von oben etwas in die Form einzuführen (Abb. 76 bei *c*) und die Schräge bei *b* bis zur Höhe des anderen Sandes, welcher sich ja mit dem Unterkasten gut deckt, anzufüllen. Ist das Modell jedoch aus Eisen, so würde es bei diesem Verfahren durch sein Gewicht die Form zerstören. Man hilft sich dann mit einem Stück Blech, das man am Umfang des Modelles biegt und dann beim Zudämmen in die Form hineinhält. Nachdem alles verschnitten bzw. zugedämmt ist, wird der Mittelkasten in die Abhebestellung zurückgewendet und auf den Unterkasten gesetzt. Ein Kern von 50 mm Durchmesser wird in die Kernmarke gestellt und der Oberkasten kann zugelegt werden. In Abb. 77 sind alle drei Teile in fertigem Zustande vor dem Zulegen zu sehen.

Als Merkmal dieser Arbeitsweise ist besonders die Sauberkeit und Maßhaltigkeit der Gußstücke hervorzuheben. Nabe und Boden sitzen nun allerdings um 40 mm einseitig, was aber praktisch unbedenklich ist.

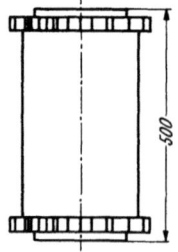

Abb. 78. Sparradwalze.

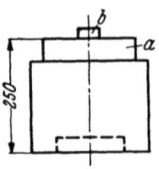

Abb. 79. Halbes Modell ohne Zahnkranz. *a* Ansatz für den Zahnkranz; *b* Kernmarke.

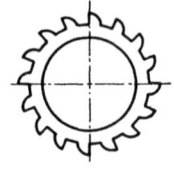

Abb. 80. Zahnkranzmodell.

7. Formeinrichtung für Sperradwalzen. In Abb. 78 ist eine fertige Sperradwalze zu sehen. Sie wurde bisher vierteilig geformt. Das halbe Modell Abb. 79 besteht aus einer vollen Holzwalze, oben und unten mit je einer Kernmarke *b* und einem Ansatz *a*

Formeinrichtung für Sperradwalzen.

für den Zahnkranz Abb. 80. Zum Formen erforderlich sind genau passende, vierteilige Formkästen, von denen die beiden mittleren Teile eine Höhe von je 250 mm und die äußeren eine Höhe von je 180 mm haben müssen. Da nur zwei solche Kästen vorhanden waren, so ergaben die üblichen Bestellungen von je 30 Stück bei wöchentlich drei Gießtagen ziemlich lange Lieferzeiten, die den Wünschen des Bestellers nicht entsprachen. Die Überlegung nun, entweder weitere vierteilige Formkästen obiger Abmessungen herzustellen oder das Formverfahren zu ändern, führte auf eine neue Ausführung des Modelles und ein wesentlich einfacheres Formverfahren.

Zunächst sei die *bisherige Herstellungsart* geschildert. Das Unterkastenmodell in einer Höhe von 250 mm wird auf den Aufstampfboden gelegt und ein Kastenteil, gleichfalls 250 mm hoch, daraufgesetzt und aufgestampft. Wenn der Kasten ziemlich bis zum obersten Rand vollgestampft ist, wird der Ansatz a Abb. 79 frei gemacht und der Zahnring Abb. 80 darüber geschoben. Dieser wird gut im Modellsand eingepackt und die Zähne werden mit der Hand fest unterdrückt, dann wird vollgestampft, abgestrichen und gut poliert. Die Kernmarke b Abb. 79 wird dann in das Dübelloch gesteckt und ein Formkastenteil von 180 mm Höhe aufgesetzt und vollgestampft. Dieser Teil wird dann abgehoben, der Zahnkranz und die Kernmarke herausgenommen und wieder zugelegt. Beide Teile werden verklammert, gewendet und glatt poliert. Dann wird die zweite Modellhälfte aufgesetzt und gleich der Eingußtrichter gestellt; darüber kommt ein Mittelkasten von 250 mm Höhe und nun wird genau so verfahren wie vorher, bis zum Ansatz gestampft, Zahnkranz aufgeschoben und eingeformt, poliert und der Oberkasten von 180 mm Höhe aufgesetzt und aufgestampft. Nun wird der Eingußstengel herausgezogen, der Steiger, der auf der oberen Fläche sitzt, ausgebohrt und der Oberkasten abgehoben. Genau wie am anderen Ende des Modelles nimmt man nun den Zahnkranz und die Kernmarke heraus und läßt den Kasten zunächst am Boden liegen. Der obere Mittelkasten wird jetzt auch abgehoben, gewendet und auf den bereits am Boden liegenden Oberkasten aufgesetzt; dort wird die darin steckende Modellhälfte herausgezogen. Ebenso wird jetzt aus dem Unterkasten die andere Modellhälfte herausgenommen. Die Form bleibt geöffnet über Nacht stehen, damit sie lufttrocken wird; am nächsten Tage wird der Kern Abb. 81 eingelegt, die Form geschlossen und abgegossen.

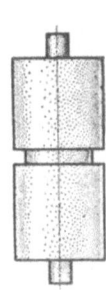

Abb. 81. Kern.

Für *das neue Herstellungsverfahren* lieferte der Auftraggeber auf Grund wirtschaftlicher Überlegungen ein Metallmodell nach Angaben der Gießerei. Es besteht aus einer Metallbüchse von 500 mm Höhe und den Kernmarken; in der Mitte ist es geteilt, genau wie das alte. Mit Rücksicht auf die Zähne kommt man mit einer einzigen Modellhälfte zugleich für Ober- und Unterkasten nicht aus. Die wichtigste Neuerung am Modell ist die Anordnung der Zähne (Abb. 82 und 83). An der Stelle, an der die Zähne sitzen, hat das Modell Einschnitte, genau der Zahnform entsprechend. Es ist innen hohl, und die Zähne haben nach hinten eine Verlängerung mit einem Schlitz (Abb. 82). Für jeden Zahn ist innen am Boden des Modells eine Flügelmutter vorgesehen, die von der Modellteilung aus zugänglich ist. Wenn nun der Zahn durch die Öffnung im Modell so weit vorgeschoben ist, daß er die richtige Lage hat, und das Ende des Schlitzes an der Flügelmutter anstößt, wird diese festgedreht und der Zahn kann seine Lage nicht mehr ver-

Abb. 82. Sperrzahnmodell mit Schlitz.

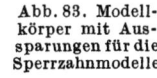

Abb. 83. Modellkörper mit Aussparungen für die Sperrzahnmodelle.

ändern. Beim Formen kann man einfach die Flügelmuttern lösen und die Zähne zurückziehen. Mit diesem Modell kann in zweiteiligen Kästen geformt werden, die wohl stets in größerer Anzahl zur Verfügung stehen. Beim Formen werden am Modell zunächst sämtliche Zähne durch die Schlitze in die richtige Lage geschoben und die Flügelmuttern festgedreht. Die eine Modellhälfte wird mit dem Zahnkranz nach oben auf den Boden gelegt, der Kasten aufgesetzt, gestampft, gewendet und abpoliert. Dann wird der andere Modellteil, dessen Zähne ebenfalls in der richtigen Lage verschraubt sind, aufgesetzt, ebenso der Oberkasten, die Trichter werden gesetzt und dieser Kasten, nachdem er vollgestampft ist, wieder abgehoben. Damit das ziemlich schwere Metallmodell beim Abheben nicht aus dem Kasten fällt, wird es durch den Oberkasten hindurch mit einer Modellschraube befestigt. Nachdem die Anschnitte angebracht sind, wird das Modell losgeschlagen und nun löst man im Modellinneren die Flügelmuttern und zieht jeden Zahn einzeln durch den Einschnitt nach innen, so daß anschließend das Modell selbst aus der Form gezogen werden kann. Mit dem Oberkasten verfährt man genau in derselben Weise wie beim Unterkasten. Übrig bleibt nur noch das Einlegen des Kernes Abb. 81 und das Gießfertigmachen. Außer den bereits oben angeführten Vorteilen kommt noch hinzu, daß diese Stücke jetzt auf Grund der vorgenommenen Vereinfachung von einem weniger gewandten Former hergestellt werden können.

II. Schablonenformerei.

An der Schablonenarbeit erkennt man die Intelligenz des Formers, so hieß es in früheren Jahren, und so heißt es auch heute noch. Während dem Modellformer in der Regel das sorgsam ausgearbeitete Modell mit allem Zubehör zur Verfügung steht, muß der Schablonenformer von der Zeichnung oder dem Muster ausgehen und sich dann mit Schablonen, Leisten und Flickstücken behelfen. Die Entscheidung, ob ein Stück nach Schablone oder Modell hergestellt werden soll, hat verschiedene Gesichtspunkte zu berücksichtigen. Vom Gießereistandpunkt aus würde wohl in den meisten Fällen die Entscheidung für Modell anstatt Schablone fallen. Da die Gießereien jedoch nur einen Zweig in der Wirtschaft darstellen und nur im Rahmen des Ganzen ihre Daseinsberechtigung haben, so sind sie gezwungen, aus Selbsterhaltungstrieb und aus dem Streben nach einer würdigen Stellung in der Gesamtindustrie sich den Wünschen der anderen Industriezweige, vorwiegend des Maschinen- und Apparatebaues, anzupassen. Bei einem fertigen Gußstück kommt zu den Werkstoffkosten und Herstellungslöhnen noch ein ganz erheblicher Zuschlag für Modellanfertigungskosten hinzu, und dieser Zuschlag ist verhältnismäßig um so höher, je geringer die anzufertigende Stückzahl der Gußstücke ist. Daher liegt hier in den meisten Fällen die Entscheidungsgrundlage, ob „Schablone" oder „Modell". Bei regelmäßigen, runden Teilen ist die wirtschaftlichste Lösung meist schnell gefunden, aber auch manche Gegenstände, die sonst als Modellarbeiten gelten, kann man bei geringer Stückzahl wirtschaftlicher mit Schablonen anfertigen. Deshalb sei in diesem Abschnitt nicht nur das alltägliche, sondern vor allem das schwierigere Schablonieren behandelt.

8. Schabloniereinrichtung[1]. Zu einer Schabloniereinrichtung gehören grundsätzlich vier Teile, und zwar Spindelstock, Spindel, Stellring und Schablonenhalter oder Fahne. Der Spindelstock Abb. 84 besteht aus einem Fuß, in der Ab-

---
[1] Vgl. auch die „Kleinschabloniereinrichtung" Abschn. 12.

bildung als Scheibe zu erkennen, der jedoch auch als Dreifuß oder Kreuz ausgebildet sein kann, und einem Schaft zur Aufnahme der Spindel. Der Spindelsitz ist als Hohlkegel ausgebildet und muß mit dem Kegel an der Spindel genau übereinstimmen, sonst kann nie ein passendes Schablonengußstück angefertigt werden. Abb. 85 zeigt die Spindel mit dem darauf befindlichen Stellring und den Schablonenhalter. Am unteren Ende der Spindel ist der Kegel a zu erkennen, mit dem die Spindel im Spindelfuß befestigt wird (Abb. 86). Von der Spindel wird sonst weiter nichts verlangt, als daß sie einwandfrei gerade und glatt ist, was nach dem Gebrauch eine gute Behandlung erfordert, am besten durch Einreiben mit Petroleum. Der Stellring b muß auf der Spindel ohne Spiel

Abb. 84. Spindelstock.
a Spindelsitz.

leicht verschiebbar sein. Er wird durch eine Stellschraube c an der gewünschten Stelle festgeklemmt. Der Schablonenhalter (Abb. 85), der ebenfalls genau über die Spindel passen muß, hat einen Arm mit Schlitzen und gegebenenfalls noch Löchern zum

Abb. 85. Spindel mit Zubehör.
a Kegel; b Stellring; c Stellschraube; d Schablonenhalter; e Bohrung des Schablonenhalters.

Abb. 86. Spindel in den Spindelstock gesteckt.

Abb. 87. Spindelstock im Boden fest, Spindel eingesetzt, Schablonenhalter mit Schablone übergeschoben.
a Schablonenanschlag.

Anschrauben der Schablonen. Unweit der Bohrung befindet sich ein Schablonenanschlag (Abb. 87 bei a) parallel zur Bohrung, damit die Schablone genau waagerecht und im richtigen Abstand befestigt wird (Abb. 87). Große Schablonen nebst Spindel werden nach Wasserwaage ausgerichtet. Soll nun mit der Spindel gearbeitet werden, so wird der Spindelstock vorher in der Gießereisohle versenkt, wobei darauf zu achten ist, daß die Spindel genau senkrecht steht und ihre feste Lage beibehält (Abb. 87). Auf dem angezogenen Stellring ruht der schwenkbare Schablonenhalter mit der Schablone. Will man die fertige Form nach dem Schablonieren an eine andere Stelle setzen, weil die Spindel noch weiter benötigt wird, oder soll die Form in der Trockenkammer getrocknet werden, so ist es am besten, vorher über die Spindel einen Aufstampfboden zu schieben, auf welchen dann die Formkästen gesetzt werden (Abb. 88). Dazu muß der Boden in der Mitte ein Loch haben, damit er leicht über die Spindel zu schieben ist.

Abb. 88. Spindel mit übergeschobenem Aufstampfboden.

Das Schablonierverfahren liegt grundsätzlich auch dem Aufbau der *Zahnradformmaschinen*, z. B. Abb. 89, zugrunde. Der Segmenthalter a ist hier nicht

24 Schablonenformerei.

frei schwenkbar, sondern von einem Teilapparat *b* gehalten, der an der Säule *c* gelagert ist und beim Formen Zahn um Zahn weitergestellt werden kann (vgl. auch Abschn. 15).

9. Formen einer Scheibe nach Schablone. Als Beispiel, um daran die Grundzüge der Schablonenarbeit eingehend zu beschreiben, sei eine glatte Scheibe gewählt, die nur auf der Oberseite eine flache Nabe hat. In Abb. 90 ist die Scheibe als Abguß zu sehen. Wesentlich ist für die Schablonenformerei, im Gegensatz zur Modellformerei, daß zuerst der Oberkasten und dann der Unterkasten geformt wird.

In den im Gießereiboden versenkten Spindelstock wird die Spindel eingesetzt. Da die herzustellende Form getrocknet und zu diesem Zweck in die Trockenkammer gebracht werden soll, so wird über die Spindel ein Aufstampfboden geschoben (Abb. 88). Auf diesen Boden wird der entsprechend große Formkasten, der später Unterkasten wird, mit den Führungslappen nach oben aufgesetzt. Da der Oberkasten im vorliegenden Falle eine vollständige glatte Fläche erhalten muß, wird der Unterkasten voll Sand geschaufelt und fest eingestampft. Darauf schiebt man den Schablonenhalter mit der daran befestigten Schablone über die Spindel. Als Schablone kann man für den glatten Oberkasten ein beliebiges glattes Profil verwenden, da es ja Unsinn wäre, für jeden glatten Kasten

Abb. 90. Abguß einer Scheibe.

Abb. 89. Zahnradformmaschine.
a Zahnformstück (Zahnsegment); *b* Teilapparat; *c* Tragsäule; *d* Auf- und Abbewegung des Zahnformstückes.

Abb. 91. Fertig schablonierte Aufstampfform für Oberkasten; verwendete Schablone höher gestellt.

Abb. 92. Aufstampfen fertig zum Aufsetzen des Oberkastens.
a über die Spindel geschobene Holzscheibe; *b* Steigerstengel; *c* Eingußstengel.

wieder eine neue Schablone anzufertigen. Der Stellring wird nun so tief gestellt, bis die Schablone mit der Formkastenhöhe abschneidet, jedoch ist darauf zu achten, daß die Schablone beim Drehen nicht auf dem Formkasten schleift. Vorsichtshalber ist die Schablone aus diesem Grunde lieber noch um einige Millimeter über Formkastenhöhe einzustellen. In der richtigen Höhe wird der Stellring ganz fest angezogen, damit er seine Lage während des ganzen Schabloniervorganges nicht verändert. Durch das nun folgende Schwenken des Schablonenhalters mit der daran befestigten Schablone um die Spindel wird eine einwandfrei glatte Fläche erzielt (Abb. 91). Schablone, Schablonenhalter und Stellring werden nun entfernt, und die überdrehte Fläche wird mit dem Poliereisen noch gut geglättet. Die am Abguß zu sehende Nabe von 160 mm Durchmesser ist aber noch mit anzubringen. Eine Holzscheibe von entsprechender Größe wird in der Mitte mit einer Bohrung vom Durchmesser der Spindel versehen und über die Spindel geschoben, so daß sie genau im Mittelpunkt der Fläche sitzt (Abb. 92). Jetzt wird die ganze Fläche mit Streusand beworfen, welchem bei der Schablonenarbeit eine ganz andere Bedeutung zukommt als bei der Modellformerei, worauf weiter unten noch hingewiesen wird. Da der Durchmesser des anzufertigenden Stückes ja immer bekannt ist, so sind die Stellen für Einguß und Steiger (Abb. 92) leicht zu ermitteln. Der gesamte bisherige Arbeitsgang war erforderlich zur Herstellung der *Aufstampfform für den Oberkasten*. Auf diese Form Abb. 92 ist nun der Oberkasten zu setzen, welcher genau wie bei der Modellformerei aufgestampft wird. Zu bemerken sei noch, daß die Aufstampfform ziemlich festgestampft werden muß, damit sich beim Aufstampfen des Oberkastens nicht zu viel Beulen eindrücken, welche nur unnötige Nacharbeiten erfordern würden. Ist der Oberkasten vollgestampft, so wird die Spindel entfernt, andernfalls könnte sie beim Kastenabheben die Form stark beschädigen. Der abgehobene Oberkasten wird dann noch sauber nachgearbeitet, und die *Herstellung des Unterkastens* kann beginnen. Die Spindel wird wieder in den Spindelstock gesteckt und der Schablonenhalter mit der Unterkastenschablone (Abb. 93) darüber geschoben, jedoch nicht ganz bis auf die Sandfläche. Ungefähr 10 bis 15 mm außerhalb des Profilausschnittes der Schablone hält man einen Luftspieß an die Schablone, dessen Spitze etwas im Sand steckt und dreht die Schablone einmal um die Spindel herum, wobei die Spitze des Luftspießes einen Kreis auf der Sandfläche anreißt. Die gesamte Sandfläche innerhalb dieses Kreises wird jetzt rd. 10 mm tiefer, als das Tiefenprofil der Schablone angibt, ausgestochen. Als nächstes wird die Schablone in die richtige Höhe eingestellt und der Stellring befestigt. Daß dies nicht einfach nach Gutdünken geschehen kann, wird wohl leicht verständlich sein, denn ein zu tiefes Einstellen der Schablone würde ein zu starkes Gußstück mit viel Gratbildung zur Folge haben, während ein zu hohes Einstellen die ganze Form zerstören kann durch Drücken des Oberkastens. Hier ist also der bereits weiter oben als wichtig bezeichnete Punkt, der Streusand, zu beachten. Bei der Schablonenformerei ist die bestreute Fläche die einzige Lehre zur Einstellung der richtigen Höhe für die Unterkastenschablone. Die Führung der Schablone, d. h. ihre Verlängerung außerhalb des Profilausschnittes, muß also genau auf dem Streusand der Sandfläche zu liegen kommen. In dieser Schablonenlage wird die Unterform ausgedreht, wobei die von der Schablone berührten Sandflächen aus gutem Modellsand zu bilden sind. In Abb. 93 ist der Schabloniervorgang deutlich zu sehen. Das Ausschablonieren der Form selbst erfordert vom Former große Geschicklichkeit und Erfahrung. Mit dem Festklopfen des Sandes mittels des Handballens sowie dem Anwerfen des Sandes an die Kanten ist bei der Schablonenarbeit schon viel getan. Der Sand darf jedoch auf keinen Fall zu naß sein, sonst würde er an der Schablone kleben und schmieren. Schmiert er aber trotzdem, dann muß die Schablone öfter etwas angehoben und mit einem Lappen abgerieben werden. Ist das Profil gut ausgedreht, so wird der Schablonenhalter mit der Schablone entfernt und die Form nachgeputzt. In Abb. 94 ist der fertige Unterkasten zu sehen mit Anschnitten für Einguß und Steiger sowie der verwendeten Schablone.

26   Schablonenformerei.

Dies war Schablonenformerei im Doppelkasten. Für größere Gegenstände, für die keine Doppelkästen vorhanden sind, läßt sich die Schablonenarbeit auch ganz gut so ausführen, daß die Unterform im Gießereiboden geformt wird und der Oberkasten aus einem Deckkasten besteht. Dabei ist es jedoch angebracht,

Abb. 93. Ausschablonieren des Unterkastens.
a Schablonenführung genau auf Streusandhöhe eingestellt (vgl. Abb. 95).

Abb. 94. Fertig ausgedrehte Form.
a Eingußanschnitte; b Steigeranschnitt.

daß man unter der Formstelle ein Koksbett mit Gasabführrohren anlegt, um die Gase gut abzuführen, was zum Gelingen eines einwandfreien Gußstückes erheblich beiträgt.

Ist ein bestimmtes Schablonengußstück angefertigt und die Schabloniereinrichtung wird vorübergehend nicht benötigt, so sorgt ein sorgfältiger Fachmann gleich dafür, daß die Einrichtung jederzeit in verwendungsfähigem Zustand ist. Die Spindelführung wird mit Putzwolle geschlossen, damit kein Sand eindringt. Die Spindel wird mit Petroleum eingerieben und mit dem Kegel nach oben an einem sicheren Aufbewahrungsort abgelegt, und zwar so, daß sie nicht durch darauffallende Gegenstände beschädigt werden kann.

10. Wie werden die Schablonenmaße bestimmt? Um ein Schablonengußstück nach Zeichnung genau maßhaltig herzustellen, ist Grundbedingung, daß die Schablone genau paßt. Da zur Schablonenherstellung in Gießereien, denen keine Modellschreinerei angegliedert ist, ein Modellschreiner nicht zur Verfügung steht, sondern sich diese Gießereien die Schablonen vielfach selbst anfertigen, so sei hier die Berechnung einer Schablone durchgeführt.

Angenommen sei die soeben geschilderte Scheibe, deren Durchmesser 750 mm beträgt. Unter Beachtung des Schwindmaßes ergibt sich:

Verlangter Durchmesser   750   mm
Schwindung rd. 1% . . . .   7,5 ,,
                          zusammen: 757,5 mm
also Halbmesser . . . . rd. 379   ,,

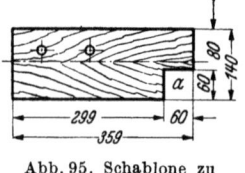

Abb. 95. Schablone zu Abb. 93.
a Schablonenführung.

Vom Halbmesser sind abzuziehen der halbe Spindeldurchmesser (50/2 = 25 mm) und die Entfernung vom Schablonenanschlag bis zur Bohrung, die mit 55 mm angenommen sei, also zusammen 25 + 55 = 80 mm, folglich:

Länge der Schablone = 379 — 80 = 299 mm.

Die Scheibe ist 60 mm stark. Also muß die Schablonentiefe bis zur Führung 60 mm betragen. Die Verlängerung der Schablone, welche als Führung auf der Sandfläche dient, ist je nach Umfang des herzustellenden Stückes zu bemessen. Für das vorliegende Stück genügen 60 mm als Führung vollauf. In Abb. 95 ist diese einfache Schablone mit Maßen abgebildet. Nach diesem Schema läßt sich jede beliebige Schablone errechnen.

11. Das Formen einer Aufnahmeplatte nach Schablone. Abb. 96 und 97 zeigen als fertigen Abguß eine Aufnahmeplatte, welche mittels der Schablone und der beiden Holzklötzchen Abb. 98 hergestellt wurde. Diese drei Teile kosten fast gar nichts, und doch kann ohne besondere Schwierigkeit dieses Stück damit geformt werden. Gerade hier zeigt sich der wirtschaftliche Vorteil der Schablone gegenüber dem Modell, denn Abguß und Schablone zusammen stellen sich billiger als andernfalls das erforderliche Modell allein. Da für die *Nabe* (Abb. 97) kein Modell vorhanden und auch keine Modellschreinerei der Gießerei angegliedert war,

Abb. 96. Aufnahmeplatte, Vorderansicht.

Abb. 97. Aufnahmeplatte, Hinteransicht.

Abb. 98. Schablone mit Eindämmklötzchen: *a* für drei Außennocken; *b* für sechs Innennocken.

so wurde mit der Kleinschabloniereinrichtung (Abschn. 12) eine Scheibe von dem benötigten Durchmesser in entsprechender Höhe ausgedreht, wie in Abb. 99 zu sehen ist. In Abb. 100 ist im Mittelpunkt dieser Scheibe ein Kern vom Durch-

Abb. 99. Ausschablonieren der Form für das Nabenmodell.

Abb. 100. Form für das Nabenmodell vor dem Eingießen des Gipses, mit eingelegtem Kern.

Abb. 101. Fertige Gipsscheibe.

messer der Spindel eingesetzt. Diese Form wurde mit Gips ausgegossen, eine halbe Stunde später die Gipsscheibe herausgenommen, unter der Wasserleitung abgewaschen, am nächsten Morgen überlackiert und fertig war die Scheibe, wie in

Abb. 102. Aufstampfform für den Oberkasten mit über die Spindel geschobener Gipsscheibe.

Abb. 103. Ausschablonierter Unterkasten.

Abb. 101 zu sehen ist. So kann nun die Aufnahmeplatte geformt werden. Zuerst wird die Aufstampfform Abb. 102 für den Oberkasten hergestellt, die Gipsscheibe über die Spindel geschoben und der Oberkasten aufgestampft. Dann wird der

Oberkasten abgehoben und die Aufstampfform jetzt als Unterteil ausschabloniert (Abb. 103). Zur Fertigstellung der ausschablonierten Form muß eine Teilscheibe zu Hilfe genommen werden.

Die *Teilscheibe* ist eine Blechscheibe, welche an ihrem Umfang genau in 360° eingeteilt ist und in der Mitte ein Loch vom Durchmesser der zu verwendenden Spindel besitzt. Mittels dieser Scheibe läßt sich in jeder beliebigen Schablonenform jeder gewünschte Punkt ermittelt. Wo die Teilscheibe nur selten benötigt wird, fertigt man sie sich selbst aus Pappe an. Die Teilscheibe wird über die

Abb. 104. Unterkasten mit Teilscheibe und Richtscheit.

Abb. 105. Unterform mit Anrissen für Innen- und Außennocken.

Spindel geschoben, so daß sie auf der Formfläche aufsitzt. Zu ihrer Anwendung ist noch ein weiterer Teil, das Schablonenrichtscheit, erforderlich. Dieses ist ein einfaches Richtscheit, wie es in der Formerei auch sonst benutzt wird, nur unterscheidet es sich von diesem dadurch, daß es auf einer Seite in der Mitte einen Einschnitt entsprechend der halben Spindelstärke besitzt. In Abb. 104 ist die über

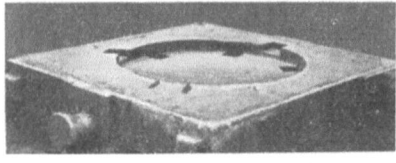

Abb. 106. Form fertig zum Zulegen.

die Spindel geschobene Teilscheibe mit dem Richtscheit zu sehen, mit denen jetzt die richtige Lage für die Nocken (Abb. 96) ermittelt wird. Zuerst werden die sechs inneren Nocken im gleichen Abstand, mithin unter $360 : 6 = 60°$ eingeteilt. Das Richtscheit wird bündig auf 60° der Teilscheibe gelegt und mit einem Luftspieß

längs des Richtscheites ein Stück in den Formsand geritzt; in dieser gleichen Stellung zeigt das Richtscheit auf der anderen Seite der Spindel auf 240°, wo ebenfalls ein Strich eingeritzt wird. Dann legt man das Richtscheit auf 120° bzw. 300° und schließlich auf 180° mit 360° gegenüber. Die sechs Stellen für die inneren Nocken sind somit ermittelt. Übrig bleibt noch die Festlegung der drei äußeren Stellen für die Ansätze (Abb. 97). Verlangt wird gleichmäßige Verteilung zwischen den inneren Nocken. Das Richtscheit wird daher auf 30° angelegt und ein Strich eingeritzt, jedoch diesmal außerhalb der Form, dann auf 150° und zuletzt auf 270°. Jetzt sind alle inneren und äußeren Stellen ermittelt. In Abb. 105 sind die verschiedenen Anrisse in der Sandform zu erkennen. Die Teilscheibe ist weiter nicht mehr erforderlich und kann entfernt werden, ebenso die Spindel. Weil nun das Ausbessern der Form und das Eindämmen der Nocken und Ansätze beginnt, so steckt man vorsichtshalber auf jeder Anrißlinie zwei Formstifte bis an den Kopf in den Sand, so daß bei einem etwaigen Unkenntlichwerden der Linien immer noch die Richtung angedeutet bleibt. Auf den beiden Holzklötzchen ist die Mittellinie gezogen und diese muß mit dem Anriß eine gerade Linie bilden. Die Nocken werden nun nacheinander durch Eindämmen der Klötzchen geformt, bis der ganze Unterkasten fertig ist (Abb. 106).

12. Schablonieren einer dreiläufigen Stufenscheibe mittels Kleinschabloniereinrichtung. In der Regel werden Stufenscheiben nach fertigem Modell von Hand oder Maschine geformt, jedoch wenn z. B. im Falle einer Betriebsstörung die Herstellung eilig, aber kein Modell vorhanden ist, und bis zu seiner Anfertigung allzuviel Zeit verstrichen, auch die Anfertigung für ein bis zwei Abgüsse zu kostspielig sein würde, dann kommt die Schablone zur Geltung.

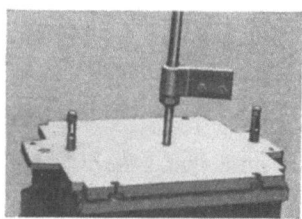
Abb. 107. Kleinschabloniervorrichtung mit Schablonierplatte, Spindel, Schablonenhalter und Stellring.

Abb. 108. Ausschablonierte Aufstampfform für den Unterkasten.

Abb. 109. Fertiger Unterkasten.

Da derartig kleine Teile mit den großen, hierfür zu schwerfälligen Schabloniereinrichtungen schlecht oder meistens überhaupt nicht herzustellen sind, so sei vorweg eine *Kleinschabloniereinrichtung* beschrieben, welche sich durch leichte Handhabung, vielseitige Anwendungsmöglichkeit und billige Herstellung auszeichnet. Damit kann man auch kleinere Stücke, welche in geringer Stückzahl verlangt werden, schablonieren und die Modellkosten sparen.

Der Hauptteil ist eine einfache gehobelte Gußplatte mit zwei festen Führungsstiften (Abb. 107). In der Mitte zwischen diesen Stiften befindet sich als Spindel-

Abb. 110. Ausschablonierte unterste Stufe.

Abb. 111. Unterste Stufe auf Unterkasten aufgesetzt.

Abb. 112. Ausschablonierte mittlere Stufe.

sitz ein durchgehendes Gewindeloch. Die Spindel selbst besteht aus einer 20 mm-Rundeisenstange und hat unten Gewinde zum Einschrauben in die Modellplatte. Der Stellring kann aus einer Schraubenmutter hergestellt werden. Die Fahne (Schablonenhalter) wird nach einem leicht anzufertigenden Modell gegossen und passend zur Spindel gebohrt. Mit dieser Einrichtung können mehrteilige Formkästen ohne Schwierigkeit geformt werden, da die gut passenden, festsitzenden Führungsstifte der Platte es ermöglichen, daß die Form mit Steckstiften zusammengesetzt und zugelegt wird (Abb. 113 und 115). Die Formplatte läßt sich sehr gut auch für mehrere Kastengrößen einrichten, wie auch die in den Abbildungen wiedergegebene Ausführung für runde und viereckige Kästen zu verwenden ist. Man braucht nur einen Führungsstift um so viel nach innen zu rücken, daß dann der kleinere Kasten paßt, während der andere Stift seine alte Lage beibehält. Jedoch muß dann auch in der Mitte zwischen den enger stehenden Stiften ein — zweites — Gewindeloch für die Spindel angebracht werden.

Nun zur *Herstellung der Stufenscheibe* selbst. Als Zubehörteile sind fünf Schablonen, eine Kernmarke für den Unterkasten, ferner eine Nabe mit Kernmarke und drei Brettchen als Rippen für den Oberkasten erforderlich. Zunächst schabloniert man die Aufstampfform für den Unterkasten (Abb. 108). Dann wird nach Herausnahme der Spindel die Kernmarke genau mitten hineingesteckt, der Unterkasten aufgesetzt, Sandhaken gestellt und aufgestampft. In Abb. 109 ist der fertige Unterkasten zu sehen. Als nächstes werden nun die drei Stufen der Stufenscheibe als einzelne Ringe schabloniert. Abb. 110 zeigt die ausgedrehte untere Stufe und die Schablone, während in Abb. 111 dieser Teil auf den Unterkasten aufgesetzt ist. Abb. 112 gibt die ausgedrehte mittlere Stufe wieder, die gemäß Abb. 113 zu den zwei bereits fertigen Teilen hinzugefügt wird. Die dritte Stufe haben wir in Abb. 114 vor uns und in Abb. 115 die fertige Form ohne Oberkasten, bestehend aus vier einzelnen Kastenteilen. Nachdem diese Stufen fertig sind, wird die Auf-

Abb. 113. Mittlere Stufe zu Abb. 111 hinzugefügt.

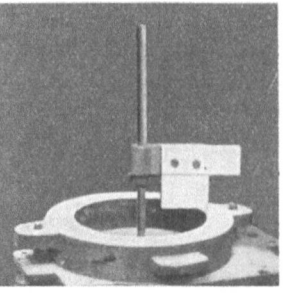

Abb. 114. Ausschablonierte obere Stufe.

Abb. 115. Unterkasten mit allen drei Stufen.

Abb. 116. Aufstampfform für den Oberkasten.

Abb. 117. Oberkastennabe mit drei Rippen in die Aufstampfform eingesetzt.

Abb. 118. Fertiger Oberkasten.

Abb. 119. Gießfertige Form.

stampfform für den Oberkasten ausgedreht, wie in Abb. 116 zu sehen ist. Die Spindel mit Schablone wird dann entfernt und die Oberkastennabe mit den drei Rippen in die Aufstampfform hineingestellt (Abb. 117). Auf diese Aufstampfform wird nun der Oberkasten aufgesetzt und Einguß und Steiger gestellt, beide auf die Nabe. In den Ballen werden reichlich Sandhaken gestellt, und dann wird der Kasten aufgestampft. Nachdem Einguß und Steiger gut ausgebohrt sind, wird der Oberkasten mit seiner Aufstampfform gewendet und diese dann abgehoben. Der Oberkasten wird einwandfrei in Ordnung gebracht, die verrissenen Kanten werden gut geflickt, erforderlichenfalls Stifte gesteckt, die Nabe mit den drei Rippen wird herausgezogen, und so ist auch dieser Teil fertig (Abb. 118). Damit die Nabe gut dicht wird und keine Lunker entstehen, setzt man an-

Abb. 120 u. Abb. 121. Fertiger Abguß, Innen- und Außenansicht.

statt eines Sandkernes einen Eisenbolzen von entsprechendem Ausmaß als Kern in die Unterform Abb. 115 ein, nachdem er mit Leinöl bestrichen, darüber mit einer dicken Schicht Streusand bedeckt und über Nacht in der Trockenkammer getrocknet worden ist. Der Oberkasten wird gewendet, auf die Unterform gesetzt und mit Belastungseisen beschwert, so daß nun die ganze Form gießfertig ist (Abb. 119). Abb. 120 und 121 zeigen noch den fertigen Abguß von innen und außen.

13. Das Formen von Schwungrädern und Zahnrädern nach Schablone. Bei Behandlung der Schablonenformerei ist es angebracht, auch eine Arbeit zu erörtern, bei der mittels Ziehschablone *Arme* von Rädern geformt werden. Außerdem soll in diesem Abschnitt kurz auf das Schablonieren von *Zahnkränzen* eingegangen werden. Soviel Sondergebiete der Schablonenformerei nun vorhanden sind, so zahlreich sind auch die Kniffe und Tricks, die dabei vom Former verlangt werden.

Abb. 122. Schwungrad.

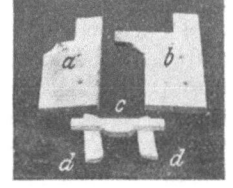

Abb. 123. Schablonen: *a* für Oberkasten; *b* für Unterkasten; *c* Ziehschablone für Arme; *d* Führungsbrettchen für *c*.

Abb. 122 zeigt den Abguß eines Schwungrades. Dieses Stück ist eine ausgesprochene Schablonierarbeit und wird nur in ganz seltenen Fällen als Modellformstück angefertigt, es sei denn, daß es für Sonderzwecke in Massen benötigt wird. In Abb. 123 erkennt man alle dazu verwendeten Dreh- und Ziehschablonen.

Zuerst wird wie üblich die Aufstampfform für den Oberkasten ausgedreht. Da dieser einen ziemlich hohen und steil ablaufenden Ballen hat, so wird die senkrechte Wand der Aufstampfform Abb. 124 mit dünnflüssigem Gipswasser bestrichen, das sofort an der Formwand trocknet, so daß man diese Stelle gleich danach mit Modellack überstreichen kann, dem man zum schnelleren Trocknen etwas mehr Spiritus beimengt. Man tut dies, weil Streusand an der Wand schlecht hält und das Anlegen von Papierstreifen mindestens dieselbe Zeit in Anspruch nimmt, dabei aber nicht so sauber wird wie Gips mit Lack. In der fertigen Aufstampfform wird bereits mit Teilscheibe und Richtscheit (vgl. Abschn. 12) die Lage der Schwungscheibenarme richtig angerissen (Abb. 124). Auf jeder der sechs Linien steckt man zwei Stifte bis zum Kopf in den Sand, um für alle Fälle die Richtung festzuhalten.

Weshalb werden die Anrisse denn schon im Aufstampfteil gemacht? Erstens übertragen sich diese Risse auf die Sandfläche des Oberkastens und zweitens verbleiben sie ja auch in der Aufstampfform, die nachher zum Unterkasten ausgearbeitet wird. Man erhält also auf diese Weise genau sich deckende

Arme im Ober- und Unterkasten. In Abb. 124 sieht man auch die Nabe und Kernmarke für den Oberkasten. Die ganze Fläche wird nun mit Streusand überworfen und der Oberkasten aufgesetzt, Einguß und Steiger werden gestellt. Vor dem Aufsieben des Modellsandes wird erst gesiebter Modellsand auf die Anrißstriche mit der Hand lose aufgelegt, damit sich beim nun folgenden Aufsieben des Modellsandes über den Anrißstrichen Erhöhungen bilden, welche jedoch nur so stark zu sein brauchen, daß man sie ohne Schwierigkeiten erkennen kann. Nun wird der Ballen mit Sandhaken ausgestellt, und dabei hat man durch die Erhöhungen einen sehr guten Anhalt für die Lage der Arme, denn an diesen Stellen darf man keine Haken stellen, da sie das spätere Ausziehen der Arme unmöglich machen würde. Ist der Ballen jedoch so tief, daß man befürchten muß, der nötige Halt könnte

Abb. 124. Fertige Aufstampfform für den Oberkasten. *a* mit Gips und Lack bedeckte Fläche; *b* Anrißlinien.

dem Kasten nachher fehlen, so wird vorsichtshalber erst eine Lage gestampft. Darüber kann man dann auch oberhalb der Anrisse Haken stellen, weil die Arme so tief nicht ausgezogen werden. Unter solchen Vorsichtsmaßnahmen wird dann der Kasten bis zur vollen Höhe aufgestampft. Anschließend wird er abgehoben und gewendet, wobei die Anrisse auf dem Oberkasten jetzt ganz deutlich zu sehen sind. Damit sie festgehalten werden, steckt man gleich in jede Linie zwei Formstifte. Da solche Formen fast nie ganz einwandfrei abgehoben werden und der Oberkasten stets ausgebessert werden muß, wobei jedoch das Profil streng einzuhalten ist, werden für Schablonen, die vom Modellschreiner angefertigt sind, auch stets Flickstücke aus Holz mitgeliefert, die genau dem Profil des Ballens entsprechen und dann zum Anpolieren des fehlenden Sandes einfach an den Ballen anzulegen sind. Anders ist die Sache jedoch in Gießereien, denen keine Modellschreinerei angegliedert ist. Dort muß man sich in sehr vielen Beziehungen selbst helfen mit dem Erfolg, daß die Former in solchen Gießereien auch viel mehr auf behelfsmäßiges Arbeiten eingestellt sind, während in Gießereien mit Modellschreinerei diese oft unnötig belastet wird mit Änderungen und dergleichen, welche der Former sonst durch irgendeinen Behelf billiger machen könnte.

Als derartiger *Behelf* kommt z. B. obiges *Flickstück* für das Ballen-

Abb. 125. Form für das Flickstück.

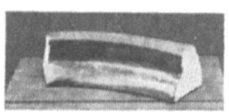

Abb. 126. Fertiges Flickstück.

Abb. 127. Oberkasten mit eingelegtem Flickstück (bei *a*)

profil in Frage und wird dann viel billiger, als der Modellschreiner es anfertigen kann. Bereits vor dem Ausdrehen der Oberkastenaufstampfform wird in den mit Sand gefüllten Kasten mit der Unterkastenschablone ein Stück von rd. $1/8$ Umfang ausgedreht, jedoch ist nur das Innenprofil erforderlich, und die Stärke des Stückes kann man nach Gutdünken wählen. In Abb. 125 ist die Form für das Flickstück zu sehen. Sie wird mit Gips ausgegossen. Das nach dem Erstarren aus der Form gezogene, unter der Brause abgewaschene und etwas später mit Modellack überstrichene Formstück Abb. 126 ist das genaueste und zugleich das denkbar billigste Flickstück. Der bereits abgehobene Oberkasten wird nun mit Hilfe dieses Flickstückes leicht und schnell ausgebessert (Abb. 127). Nun kommt das *Ausziehen der Arme*. In Abb. 123 sind die dafür benötigten Hilfsmittel zu sehen. Die beiden Führungsleisten, die je zwei durchgehende Nagellöcher haben, werden in gleichen Abständen von der angerissenen Mittellinie aufgelegt, so daß der Zwischenraum zwischen beiden genau der Armbreite entspricht. In dieser Stellung werden in die vorgesehenen Nagellöcher Nägel bis an den Kopf durchgedrückt, damit die

Abb. 128. Ausziehen der Arme in dem Oberkasten.
a Ziehschablone; b Führungsbrettchen.

Abb. 129. Oberkasten mit ausgezogenen Armen.

Leisten unverrückbar festgehalten sind. Mit dem Putzeisen wird dann der dazwischen liegende Sand nach Augenmaß ungefähr bis zur Tiefe des halben Armquerschnittes weggestochen. Darauf ebnet man mit der Ziehschablone den Sand zwischen den Führungsleisten auf genaues Maß (Abb. 128). Die Form der Ziehschablone muß dem Querschnitt eines halben Armes entsprechen und dazu noch um die Stärke der Führungsleisten höher sein. Jeder ausgezogene Arm wird dann noch mit dem Werkzeug gut geglättet, und so ist in Abb. 129 der Oberkasten vollständig fertig mit allen sechs eingezogenen Armen. Jetzt wird es auch verständlich sein, weshalb beim Stellen der Haken die Armstellen frei bleiben mußten.

Als nächstes ist nun der *Unterkasten* herzustellen. Über die Spindel werden die Kernmarke und Nabe des Oberkastens geschoben und eingedämmt, da ja beide zugleich für Ober- und Unterkasten zu verwenden sind, die Unterkastenschablone (Abb. 123) wird am Schablonenhalter befestigt und das Profil im Unterkasten ausgedreht, wobei die Schablone auf der äußeren und inneren Fläche auf dem Streusand laufen muß, denn es erhält ja nur der Kranz eine Veränderung. Die bereits

Abb. 130. Fertige Unterform.

angebrachten Anrisse werden durch das Drehen der Schablone nicht beseitigt, da ja ihre Richtung durch die vorhin eingesteckten Formerstifte erkenntlich bleibt. Ist die Form ziemlich scharf ausgedreht, so wird der innere Ballen mit demselben Gipsflickstück wie der Oberkasten scharfkantig poliert, denn der Oberkastenballen und der innere Teil des Unterkastens stimmen ja überein; folglich muß auch das Flickstück passen. Die Spindel kann nun aus der Form gezogen werden, desgleichen die Kernmarke und die Nabe. Die Arme zieht man unter Verwendung derselben Hilfsmittel wie beim Oberkasten aus (Abb. 130). Wenn der innere Ballen mit den Armen fertig ist, wird die Form am Außenrand

34 Schablonenformerei.

in Ordnung gebracht. Einguß und Steiger werden angeschnitten. Als Flickstück für diese Kante benutzt man ein Blech, welches man in die richtige Rundung biegen kann. Vorteilhaft wird ein eiserner Kern benutzt, damit die Nabe dicht wird (vgl. Abschn. 12). In Abb. 130 ist die Unterform fertig. Vorsichtshalber hebt man den Kasten nach dem Zulegen noch einmal ab, um zu prüfen, ob die Arme nicht versetzt sind, was allerdings bei sorgfältiger Arbeit eigentlich nicht vorkommen kann. Dann wird belastet, und die Form ist gießfertig.

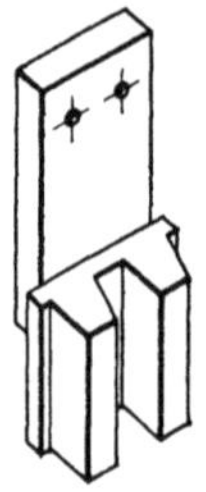

Abb. 132. Eindämmen der Zähne.

Soll anstatt der Schwungscheibe ein *Zahnrad* geformt werden, so wird bis hierher genau so gearbeitet, nur im Unterkasten werden am Kranze die Zähne einzeln eingestampft. Man benutzt dabei eine Zahnradformmaschine (Abb. 89) zum genauen Teilen und zum Führen des Zahnformstückes Abb. 131. Das Eindämmen der Zähne zeigt Abb. 132.

Abb. 131. Zahnformstück.

14. Herstellung einer Schüssel mit Stutzen, nach Schablone geformt. Im folgenden sei eine Schüssel mit Stutzen beschrieben, die schon ähnlich in verschiedenen Abmessungen nach Modell hergestellt wurde. Abb. 133 zeigt den fertigen Abguß. Bei diesem Stück trat nicht nur der Vorteil ein, daß das teurere Modell durch die billige und einfache Schablone ersetzt wurde, sondern daß in der Gießerei an praktischen Herstellungskosten gegenüber dem Modell nicht im geringsten Mehraufwendungen erforderlich waren, da der Hauptkern, welcher das Schüsselinnere bildet, jetzt in Wegfall gerät und durch den Sandballen ersetzt wird.

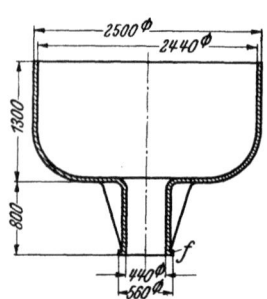

Abb. 133. Große Schüssel im Schnitt. *f* Flansch.

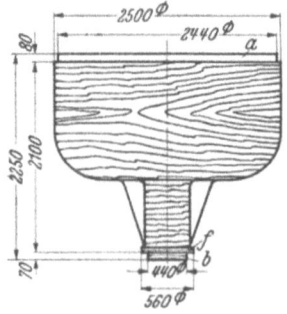

Abb. 134. Modell zu Abb. 133. *a* u. *b* Kernmarken; *f* Flansch.

Der Deutlichkeit halber soll zunächst die sonst übliche und bei ähnlichen Stücken auch ausgeführte *Modellformerei* beschrieben werden, wie sie anfänglich

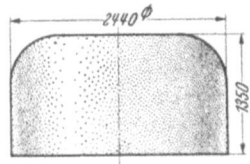

Abb. 135. Hauptkern.

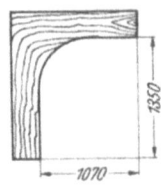

Abb. 136. Kernschablone.

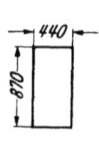

Abb. 137. Stutzenkern.

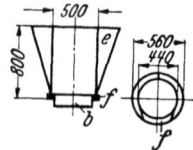

Abb. 138. Stutzenmodell mit losem Flansch. *b* Kernmarke; *e* Rippen; *f* dreiteiliger Flansch.

auch für die Schüssel Abb. 133 geplant war. Eine übermäßig große Stückzahl kommt für solche Gegenstände nicht in Frage, deshalb wurde ein Holzmodell mit Kern (Abb. 134) vorgesehen. Der Hauptkern Abb. 135 für die Schüssel wird

Herstellung einer Schüssel mit Stutzen, nach Schablone geformt.

aus Lehm und Steinen aufgemauert, wobei die Kernschablone Abb. 136 erforderlich ist. Der Stutzenkern Abb. 137 wird im Kernkasten aufgestampft. Der Flansch f Abb. 134 ist lose, aus drei Teilen bestehend (Abb. 138), am Modell angelegt.

Das Modell Abb. 134 wird ohne Kernmarke a auf den Aufstampfboden gelegt, der Formkasten darübergesetzt und aufgestampft bis zur Höhe des Flansches f, dann werden die drei Flanschstücke angelegt, und es wird weitergestampft. In die Mitte der Kernmarke b wird ein Rohr gestellt und mit eingestampft. Nachdem der Unterkasten vollgestampft ist, wird er gewendet und abpoliert, die Kernmarke a (Abb. 134) und der Oberkasten werden aufgesetzt, Eingüsse und Steiger gestellt und aufgestampft. Auf der Kernmarke stampft man in der Mitte ein starkes Rohr für Luftabführung mit ein und seitlich, an genau festgelegten Stellen, noch zwei Rohre zur späteren Kernbefestigung. Nach dem Vollstampfen wird abgehoben, die Anschnitte werden angebracht und die Modellteile aus Ober- und Unterkasten herausgezogen. Der Unterkasten wird jetzt auf Böcke gestellt und der Stutzenkern Abb. 137 eingesetzt. In das Kerneisen des Stutzenkerns ist eine Mutter eingegossen. Dahinein wird ein entsprechend starker und langer Gewindebolzen eingeschraubt, der durch die beim Stampfen mit dem eingesetzten Rohr freigehaltene Öffnung im Unterkasten hindurchführt. Da der Unterkasten jetzt auf Böcken steht, kann man den Bolzen von unten mit Lasche und Mutter gut befestigen, so daß der Kern beim späteren Gießen auf keinen Fall vom Eisen schief gedrückt werden kann. Der Unterkasten wird dann gleich geschwärzt, vor allen Dingen auch der Kern, und in die Trockenkammer gefahren. Beim Oberkasten, der ebenfalls auf Böcke gestellt ist, wird genau so verfahren. Der Kern Abb. 135 wird auf einer ausgesparten Platte aufgemauert und fest mit ihr verbunden. Diese Platte ist mit zwei Gewindelöchern versehen, in die je ein kräftiger Bolzen eingeschraubt wird; die beiden Bolzen führen durch die dafür im Oberkasten vorgesehenen Öffnungen hindurch und werden ebenfalls verlascht. Auch dieser Teil wird geschwärzt und in die Trockenkammer gefahren.

Dieselbe Schüssel läßt sich durch *Schablonenformerei* billiger herstellen. Bereits bei früheren Aufträgen war die Schablonenformerei in Erwägung gezogen worden, jedoch stets an der vermeintlichen Schwierigkeit des Stutzens gescheitert. Da jedoch Schwierigkeiten bestehen, um beseitigt zu werden, so wurde auch dieses Problem gelöst. Der Flansch f am Stutzenmodell Abb. 138 wird dreiteilig ausgeführt und diese drei Teile sind so gestaltet, daß sie beim Formen ohne Schwierigkeit aus der Tiefe der Form nacheinander herausgeholt werden können. Beim Einformen werden die Teile um die Kernmarke b herumgelegt. Außer der Scheibe Abb. 139 mit dem Durchmesser des Stutzens und der Kernmarke Abb. 140 für

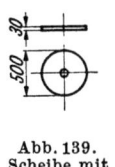

Abb. 139. Scheibe mit Loch für Spindel.

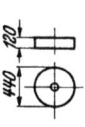

Abb. 140. Kernmarke für den Oberkasten.

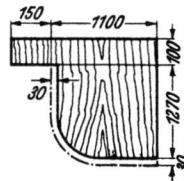

Abb. 141. Schablonen für den Ober- und Unterkasten, letztere gestrichelt.

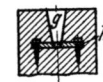

Abb. 142. Spindelführung im Stutzenmodell. g Aussparung; h Platte mit Gewindeloch zum Einschrauben der Spindel.

den Oberkasten werden dann nur noch die Schablonen für Ober- und Unterkasten (Abb. 141) und einige Flickstücke zur Herstellung scharfer Kanten gebraucht. Ein Kernkasten für den Stutzenkern ist nicht erforderlich, da dieser als Drehkern mit einer glatten Schablone hergestellt wird.

Geformt wird folgendermaßen: An Stelle des Spindelstockes ist in der Mitte des Stutzenmodelles Abb. 138 eine kegelförmige Bohrung als Spindelführung g (Abb. 142) angeordnet. Diese Spindelführung wurde vorher, genau der Spindel entsprechend, in der Bearbeitungswerkstätte hergestellt. Sie enthält eine Grundplatte h, in welche vier kräftige Schrauben zur inneren Befestigung im Holzstutzen eingebohrt sind, damit sie sich beim späteren Ausschablonieren nicht löst, was ein ungenaues Gußstück zur Folge haben würde. Dieser Punkt ist ganz besonders zu beachten.

Zunächst wird eine Formgrube in der Gießereisohle ausgehoben und darin das Stutzenmodell Abb. 138 so tief eingedämmt, daß seine Oberkante mit der Gießereisohle abschneidet (Abb. 143). Die Grube muß so weit sein, daß man bequem die drei losen Flanschteile Abb. 138 an das Hauptmodell anlegen und Formsand andrücken kann. Alle Teile müssen nach der Wasserwaage sorgfältig ausgerichtet werden. Das Ganze wird dann fest bis zur Oberkante umstampft. Danach wird die Spindel in die im Stutzenmodell versenkte Spindelführung Abb. 142 eingesetzt, darüber die Scheibe Abb. 139 geschoben, die der Wandstärke entspricht, und dann der untere Formkasten mit den Führungslappen nach oben aufgesetzt. Die Bodenfläche des Formkastens wird zunächst mit einer flachen Schicht Sand angefüllt und festgestampft. Dann wird ein Blechzylinder von 2300 oder besser noch von 2400 mm Durchmesser in die Mitte des Kastens gestellt und zwischen Formkastenwand und Zylinder Sand fest eingestampft bis zur Höhe des Formkastens. Der Zylinder wird hierauf wieder herausgezogen, der Schablonenhalter über die Spindel gesteckt und die Oberkastenschablone Abb. 141 daran befestigt. Nach dem Ausdrehen der Oberkastenform entfernt man Schablone und Schablonenhalter und putzt die Form etwas nach, ferner bestreicht man die steilen Wände erst mit flüssigem Gips und nachher mit Modellack. Über die Spindel wird dann die Kernmarke Abb. 140 geschoben, der Oberkasten aufgesetzt. Eingüsse und Steiger werden gestellt, und die Aufstampfarbeit kann beginnen. Nachdem der Oberkasten aufgestampft ist, wird er abgehoben, gewendet und fertig gemacht, d. h. ordnungsgemäß ausgeflickt, Stifte gesteckt, Kernmarke herausgenommen und geschwärzt. Das durchgehende Spindelloch bleibt offen und dient später zur Kernluftabführung. Alsdann kann der Unterkasten in Angriff genommen werden. Die Scheibe Abb. 139 wird herausgenommen, die Unterkastenschablone am Schablonenhalter befestigt und der Unterkasten ausschablo-

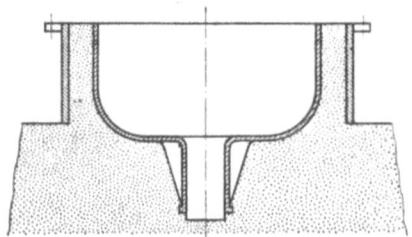
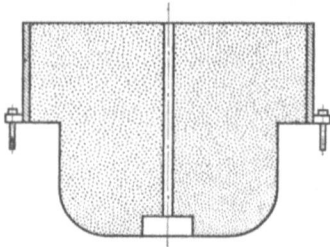

Abb. 143. Schnitt durch den Unterkasten.   Abb. 144. Schnitt durch den Oberkasten.

niert. Nach diesem Arbeitsgang werden Schablone und Spindel aus der Form entfernt. Die Unterform wird ausgeputzt, und dann geht es an den Stutzen, den ein geübter Former ohne Schwierigkeiten fertig macht, nachdem einige Bretter als Gestell über die Form gelegt worden sind. Zunächst wird der Stutzen mit den daran festsitzenden Rippen (Abb. 138) mittels Kran herausgehoben. Das Herausziehen der drei Flanschteile f (Abb. 138) mittels einer langen Spitze bereitet infolge der zweckmäßigen Teilung sowie der stark verbrochenen Kanten auch keine Schwierigkeiten. Am oberen Ende des Stutzens werden an den Kanten Stifte gesteckt. Da dies unten wegen der Tiefe nicht möglich ist, wurden schon beim Stampfen an den erforderlichen Stellen Stäbe angelegt und mit eingeformt. Zum Schluß wird die ganze Form noch überschwärzt. Der Unterkasten kann nur an Ort und Stelle getrocknet werden, während der Oberkasten in die Trockenkammer gefahren wird. Der Formzusammenbau am nächsten Tage ist verhältnismäßig einfach. Ober- und Unterkasten werden von allem Staub und Unrat gesäubert, und der Stutzenkern Abb. 137 wird in die Unterform eingesetzt. Die gesamte Luft dieses Kernes wird durch den Oberkasten abgeführt, wofür das Spindelloch offen blieb (Abb. 144). Anschließend wird zugelegt und belastet.

15. Schablonenformerei mit mehreren Spindeln. a) Ein fürwahr nicht alltäglicher Fall ist die Formherstellung für ein *Verteilergehäuse*, wie es, aus vier gleichen Teilen bestehend, in Abb. 145 und 146 gezeichnet ist. Geformt wurde jeder Teil für sich, also zwei Boden- und zwei Deckelteile (Abb. 147). Auf den ersten Blick hält man es für ein Handformstück, welches nach fertigem Modell zu formen

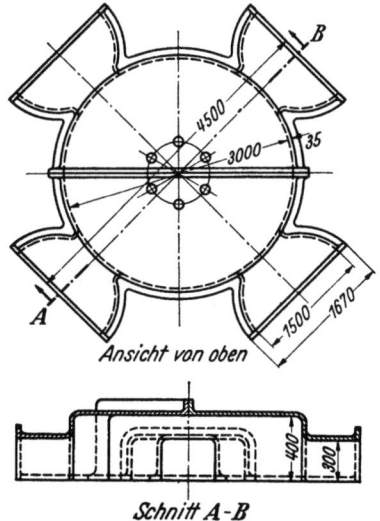

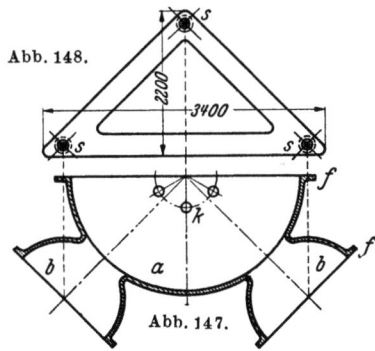

Abb. 147. Teilstück des Verteilergehäuses.
a Gehäuse; b Stutzen; f Flanschen; k Kerne.

Abb. 145 u. 146. Verteilergehäuse.

Abb. 148. Spindelstock für drei Spindeln.
s Spindelführungen.

ist. Es wurde aber der Wegbereiter eines neuen Verfahrens und mithin ein Stück echter Facharbeit. Die Entstehungsgeschichte dieser Herstellungsart ist so kennzeichnend, daß sie kurz angegeben werden soll. Zunächst hatte, wie bei Modellformerei üblich, die Gießerei und die Modellschreinerei jede für ihr Fach die Kostenvorrechnung aufzustellen. Die Vorkalkulation der Gießerei wurde glattweg verworfen, obwohl hier die wirtschaftlichste Herstellung zugrunde gelegt war. Da der Auftrag jedoch nicht entgehen sollte, so wurde der Gießerei aufgegeben, noch einmal scharf nachzurechnen und dabei alle technischen Möglichkeiten zu berücksichtigen. Das Ergebnis wurde aber nicht anders, da alle Arbeitsgänge schon äußerst berechnet waren. Übrig blieb also nur noch, einen grundlegend anderen Weg zu beschreiten, doch dieser mußte erst gefunden werden. Es wurden also alle möglichen Überlegungen angestellt, wie man wohl vorteilhafter zum Ziele gelangen könnte. Schon in vielen Fällen haben gerade in der Bedrängnis die sonst für unmöglich erklärten Vorschläge zum Auffinden eines besseren und wirtschaftlicheren Verfahrens geführt. So bestand hier die Lösung darin, das ganze Stück mit Schablonen zu formen, und zwar mit drei Spindeln und mithin auch mit drei Spindelstöcken. Diese müssen dabei in bestimmten Entfernungen zueinander stehen, die durch die Abmessungen des Stückes gegeben sind. Als Grundlage wurde der Spindelstock mit drei Spindelführungen Abb. 148 angefertigt. Er wurde als Herdguß auf dem Plattenbett gegossen. Als Spindelführungen wurden vorher in der Bearbeitungswerkstätte drei Buchsen genau nach dem Spindelkegel angefertigt und an den entsprechenden Stellen der Dreieckform sorgfältig rd. 50 mm tief in den Sand eingedrückt und mit eingegossen. Die Stellen, die mit dem Guß verschweißen sollten, waren ringsum noch kräftig eingekerbt worden, damit für einen festen und dauernden Halt Sicherheit bestand. Am nächsten Tage, nachdem der Spindelstock erkaltet war, wurde für das zu formende Stück eine Grube ausgehoben und der Spindelstock genau waagerecht auf einem festen Untergrund eingebettet. Über einer zur Festlegung des Spindelstockes daraufgeworfenen Sandschicht wurde dann ein Koksbett mit einer Anzahl von Gasabzugsrohren angelegt.

An Ausdrehschablonen werden vier Stück benötigt, und zwar zwei für die Oberkastenform (Abb. 149) und zwei für den Unterkasten (Abb. 150). Ausschabloniert wird zuerst, wie üblich, die Oberkastenaufstampfform Abb. 151. Damit nun beim Ausschablonieren alle drei Schablonen in gleicher Höhe eingesetzt werden, was unbedingt erforderlich ist, um ein genau ebenes Gußstück zu erzeugen, wurde ein Eisenklotz, der auf der Oberfläche gehobelt ist, bei d (Abb. 151) genau waagerecht fest eingelagert, damit er für alle vier Abgüsse einwandfrei liegt. Auf der Fläche dieses Klotzes werden nun die Enden der Schablonen beim jedesmaligen Einstellen gelagert, und mithin besteht die Sicherheit, daß alle Schablonen in gleicher Höhe eingestellt werden. Zuerst wird Teil a ausgedreht, anschließend die Teile b. Da das ganze Stück als besonders schwierig angesprochen werden kann, muß es selbstverständlich von einem Former, der voll und ganz dieser Aufgabe gewachsen ist, angefertigt werden, und Gewissenhaftigkeit gilt als höchster Grundsatz vom ersten bis zum letzten Handgriff. Damit beim Ausschablonieren der Teile b die Form a nicht beschädigt wird, müssen an den Übergängen von b zu a die mit e bezeichneten Stellen durch Einschlagen einer genügenden Zahl von Eisenstäben gesichert werden. Nachdem die runden Teile der Oberkastenaufstampfform ausschabloniert sind, werden die drei senkrechten Abschlußwände geformt, wobei Richtschnur, Lot und Richtscheit neben passend zugeschnittenen Brettern zum Aufstampfen der Wand die geeigneten Hilfsmittel sind. Jetzt wird das Ganze sauber gemacht und poliert, und die Kanten bei e werden gut abgerundet. Die Kanten und steilen Wände der Form werden außerdem mit flüssig angerührtem Gips und, nachdem dieser innerhalb kurzer Zeit angetrocknet ist, mit Modellack überstrichen. Dieser Anstrich gewährleistet ein gutes Abheben und erhöht gleichzeitig den Zusammenhalt des Sandes, denn es sollen ja der Wirtschaftlichkeit halber gleich alle vier Oberkästen in dieser Aufstampfform hergestellt werden.

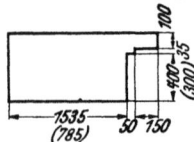

Abb. 149. Oberkastenschablone zu Abb. 151 a und b (letztere Maße in Klammern).

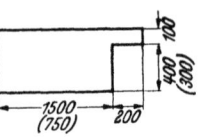

Abb. 150. Unterkastenschablonen (vgl. Abb. 149).

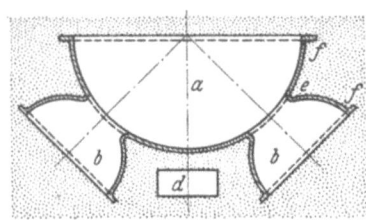

Abb. 151. Oberkastenaufstampfform (innen) und Unterkastenform (außen), dazwischen der auszugießende Hohlraum.

Da die vorhandenen Formkästen solch großer Abmessungen nie genau miteinander übereinstimmen, so kommt ein Einschlagen von Pfählen in den Gießereiboden als Führung nicht in Frage, denn das Durcheinander würde ja zu groß werden, wenn die Pfähle erstens beim Aufstampfen der vier Oberkästen und dann beim Herstellen der vier Unterformen jeweils gewechselt werden müßten. Ein Versetzen des Gusses würde mithin fast gar nicht zu vermeiden sein. Deshalb werden auf Grund von früheren Erfahrungen zwei Belastungseisen mit einer glatten Vorderfläche auf der einen Ecke als Führung für alle Kästen, auf der gegenüberliegenden Ecke desgleichen zwei Eisen angebracht (Abb. 152). Damit die Eisen ständig ihre Lage behalten können, wird jedes Eisen von drei Seiten mit kräftigen Eisenpfählen umschlagen. Zuerst wird der größte der Kästen aufgestampft und die vier Führungseisen werden in die richtige Lage gebracht, in der sie liegen bleiben, bis alle vier Gußstücke fertig gegossen sind. Alle anderen Kästen werden an der Ecke g gut sitzend in den Eisen geführt, während man an der Vorderseite

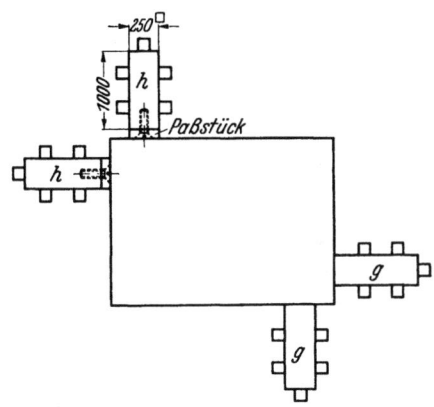

Abb. 152. Führung für die Formkästen. *g* unveränderliche Eisenklötze; *h* Eisenklötze, zum Vorschrauben von Paßstücken eingerichtet.

der anderen zwei Eisen bei *h* ein dem Zwischenraum zwischen Eisen und Formkastenwand entsprechendes Paßstück anschraubt, so daß der Formkasten zwischen allen vier Eisen gut sitzt. Diese Paßstücke werden für jeden Kasten besonders angefertigt und benummert. Sie kommen dann beim späteren Zulegen für den zugehörigen Kasten wieder in Anwendung. Nachdem je ein Oberkasten aufgestampft ist, wird die Aufstampfform wieder gut in Ordnung gebracht, d. h. die beschädigten Kanten werden wieder ausgebessert und gegebenenfalls frisch überlackiert. Die drei zuerst aufgestampften Kästen werden der Platzersparnis halber übereinander gesetzt, der vierte aber gleich fertig gemacht, alles glatt poliert, Stifte gesteckt, wo erforderlich, geschwärzt und zum Trocknen Feuer darüber gemacht.

Nun kann die *Unterkastenform* des ersten Stückes hergestellt werden. Zunächst wird der aufgestrichene Lack und Gips mit dem Putzeisen entfernt, dann die große Schablone Abb. 150 zum Ausdrehen des Teiles *a* genau auf dem Klotz *d* (Abb. 151) in der Höhe eingestellt. Nachdem Teil *a* und ebenso die Teile *b* einwandfrei ausschabloniert sind, werden die senkrechten Abschlußwände mit derselben Sorgfalt wie beim Oberkasten angefertigt, nur mit dem Unterschied, daß hier noch die Flanschen *f* eingedämmt werden müssen, wozu aus der Modellschreinerei die dazugehörigen Paßstücke, vier Stück an der Zahl, mitgeliefert sind, und zwar für *a* und für *b* je eine Grundleiste und je eine Seitenleiste, welch letztere jedesmal erst auf einer und dann auf der anderen Seite verwendet wird. Nachdem dies alles sauber ausgeführt ist, werden die drei Kerne *k* (Abb. 147) an die genau ermittelte Stelle gelegt und festgesteckt. Diese Kerne haben keine Kernmarke, sie entsprechen genau der Wandstärke. Das Ganze wird dann gut geschwärzt und über Nacht ordentlich getrocknet.

Am nächsten Tage wird die Form zusammengesetzt. Ober- und Unterkasten werden mit Preßluft sauber geblasen. Grundbedingung der Gewissenhaftigkeit ist die Nachprüfung der Wandstärke. Zu diesem Zweck stellt man in den Unterkasten an verschiedenen Stellen der Bodenfläche Lehmspitzen, um die Bodenstärke zu messen. Zur Bestimmung der Dicke der Seitenwände werden Papierstreifen in gewissen Abständen an der Oberkante der Form genau bündig hingelegt und auf der oberen Fläche mit dünnem Ton bestrichen, damit sie am Oberkasten festhaften und dann ein genaues Bild geben. Bei den Übergängen *e* von *a* und *b* (Abb. 151) wird die kurze Seitenwand dadurch geprüft, daß je ein schmaler Lehmstreifen über die ganze Wandhöhe festgeheftet wird. Haben so sämtliche Hilfsmittel ihren Platz erhalten, so wird der Oberkasten angehängt, gewendet und mit aller Sorgfalt zugelegt. Den Kran bedient der gewissenhafteste Kranführer, und mehrere Former müssen für ganz genaues Zulegen Sorge tragen. Dann wird der Oberkasten wieder abgehoben, und nun haben wir ein klares Bild über die Wandstärken und darüber, ob der Kasten irgendwo gedrückt hat; gegebenenfalls sind Fehler noch abzustellen. Die eingelegten Lehmspitzen werden restlos entfernt, und der Kasten wird endgültig geschlossen. Zum Gießen kann nun alles fertig gemacht werden, Eingüsse und Steiger werden aufgebaut, genügend Belastungseisen aufgelegt und der erste Guß kann mit einem „Glückauf" vonstatten gehen. Als erste Arbeit geht es selbstverständlich am nächsten Morgen sofort ans Ausleeren des Stückes, denn das erste nach diesem neuen Verfahren gegossene Stück wird von allen Beteiligten mit ganz besonderer Spannung erwartet. Geistige Anstrengung, vereint mit praktischer Sorgfalt, wird gekrönt durch den Erfolg: der Abguß ist zur größten Zufriedenheit makellos ausgefallen. Die Formgrube wird nun wieder ausgeschaufelt, genügend mit Wasser besprengt und der Abkühlung überlassen. Mittlerweile kann ja die Zeit gut ausgenutzt werden, indem der nächste der bereits aufgestampften Oberkästen bis zum Schwärzen und Trocknen fertig gemacht wird. Die übrigen drei Unterformen werden genau so ausgeführt wie die erste. Die Schablonen werden jedesmal auf den Klotz *d* (Abb. 151) eingestellt, der ja fest im Boden verankert ist und selbst beim Herausziehen des Gußstückes aus der Form seine Lage nicht ändert. Der Spindelstock kann nach Erledigung des Auftrages im Gießereiboden liegen bleiben. Eine kleine Maßskizze wird angefertigt, damit jederzeit ohne viel Suchen die genaue Lage der Spindelführungen zu finden ist. Auch sind die Spindelführungen für gewöhnliche Schablonenarbeiten einzeln zu verwenden.

Abschließend sei zu diesen Stücken noch folgendes erwähnt: In der Gießerei selbst wurde gegenüber der alten Kalkulation nichts gespart, sie wurde sogar unter Hinzurechnung der Anfertigung des Spindelstockes noch überschritten, jedoch gegenüber der Gesamtkalkulation für Form- und Modellherstellung war die Einsparung sehr ausschlaggebend und bewies die wirtschaftliche Durchführung dieses Auftrages, denn ein mit hohen Kosten verbundenes Modell war ja eingespart worden. Hinzu kommt noch, daß kein derartig großes, womöglich nie wieder zu verwendendes Modell den Lagerraum zu füllen braucht. So ist ein weiterer Beweis für die unbedingte Zusammenarbeit von Gießerei und Modellschreinerei erbracht, welche bei voller Harmonie doch tatsächlich im Punkte Wirtschaftlichkeit sehr vieles, was mitunter vorher als undurchführbar galt, zu leisten imstande ist. Diese Vorteile treten aber meist nur dort auf, wo Gießerei und Schreinerei in einem Betrieb vereinigt sind. Denn wer jahrlang in Kundengießereien tätig war und mitunter solche Mißgeburten von Modellen zugeschickt bekam, daß einem fast die Haare zu Berge stehen, der kommt sich fast wie im Paradiese vor, wenn er in die Gießerei einer Maschinenfabrik mit eigener Modelltischlerei kommt, wo die Modelle den Angaben der Gießerei entsprechend angefertigt werden. Das soll nun keine Beleidigung gegen das Modellschreinerhandwerk im ganzen sein; aber es ist doch eine Tatsache, daß viele Fabriken ihre

Zeichnungen einfach zum Modellschreiner schicken, welchem dann die formtechnische Herstellung des Modelles voll und ganz überlassen wird, weil der Konstrukteur doch nichts dazu sagen kann. In vielen Fällen muß dann die Kundengießerei leider feststellen, daß der Modellschreiner mangels engerer Fühlung mit der Gießerei ein schlechter Kenner der Formpraxis ist.

b) Noch ein Fall des Schablonenformens mit mehreren Spindeln sei hier beschrieben: ein *großes Rädergehäuse* (Abb. 153) sollte angefertigt werden. Benötigt wurde nur ein einziges Stück, und aus einem bestimmten Grunde sollte dieses nicht geschweißt, sondern als Gußstück ausgeführt werden.

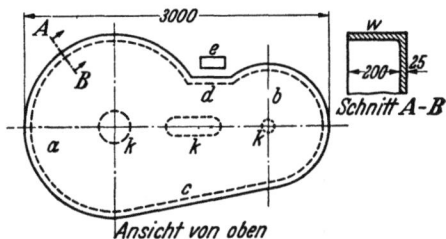

Abb. 153. Räderkasten. *a* großer, *b* kleiner Kastenteil; *e* Eisenklotz; *k* Kerne.

Die Herstellung lehnte sich eng an die vorbeschriebene an. Dabei ergab die Tatsache, daß der obige Mehrspindelstock für diese Arbeit nicht paßte, den Anstoß zur Konstruktion eines verstellbaren Mehrspindelstockes. Ein Dreieck ähnlich Abb. 148 wurde an der Oberfläche gerade gehobelt und an den drei Ecken mit Gewindelöchern versehen. Dann wurden drei gleichfalls behobelte Schlitzarme nach Abb. 154 hergestellt, an deren einem Ende zur Spindelaufnahme (Spindelführung) das kegelförmige Loch *s* angebracht ist. Diese Schlitzarme lassen sich auf dem Dreieck (Abb. 148) beliebig einstellen.

Nach der genauen Einstellung der Schlitzarme für zwei Spindeln nach Abb. 153 wird das Koksbett darüber wieder hergerichtet und die Grube mit Sand angefüllt, sodann der Eisenklotz *e* (Abb. 153) zum gemeinsamen Einstellen der Schablonenhöhe in die Gießereisohle eingedämmt. Als Aufstampfform für den *Oberkasten* wird ein einwandfrei glatter Herd abgezogen, wobei das versenkte Eisen *e* als Be-

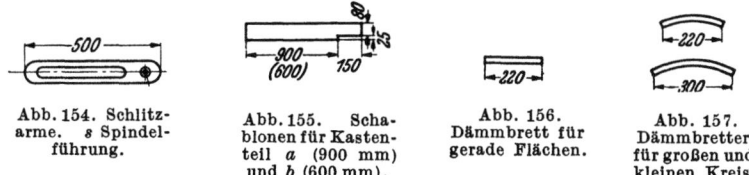

| Abb. 154. Schlitzarme. *s* Spindelführung. | Abb. 155. Schablonen für Kastenteil *a* (900 mm) und *b* (600 mm). | Abb. 156. Dämmbrett für gerade Flächen. | Abb. 157. Dämmbretter für großen und kleinen Kreis. |

zugshöhe dient. Selbstverständlich muß der Herd außerordentlich fest gestampft sein, damit sich der Oberkasten nicht durchstampft. Nachdem der Oberkasten aufgestampft ist, wird er abgehoben und der *Unterkasten* geformt. Benötigt werden zwei Schablonen Abb. 155. Zuerst wird Teil *a* (Abb. 153) als einfache Scheibe ausgedreht, anschließend Teil *b*. Dann werden gerade Leisten an den nach Zeichnung genau angerissenen Punkten angesetzt und die geraden Flächen bei *c* und *d* hergestellt. Die senkrechte Wand *w* ringsherum wird nun mittels der drei Segmentstücke (Abb. 156 und 157) eingedämmt, denn dies ist wegen der geringen Wandstärke immerhin das einfachste und zugleich das sicherste. Die Kerne *k* (Abb. 153) werden ohne Kernmarke, nur der Wandstärke entsprechend, hergestellt und einfach an den im Unterkasten genau ermittelten Stellen aufgelegt und festgesteckt. Nachdem das Stück noch von zwei Seiten mehrmals angeschnitten ist, wird zugelegt und wieder abgehoben, um sich zu vergewissern, ob nichts gedrückt und auch alles gut gesessen hat. Dann wird erneut zugelegt, die Form gießfertig gemacht und abgegossen. Fehlgüsse sind bei solch sorgfältigem Vorgehen nicht zu befürchten.

III. Verwendung von Behelfsmodellen aus Gips.

16. Anfertigung von Gipsmodellen, dargestellt am Beispiel einer Bohrlehre.
Gipsmodelle lassen sich nicht nur mit glatten Flächen, sondern auch mit Einschnitten und Aussparungen herstellen. Die Arbeit muß nur sachgemäß in Angriff genommen werden. Nach Anfertigung einer gewissen Anzahl verschiedenartiger Modelle wird man dann allmählich mit diesem Werkstoff vertraut und lernt ihn schätzen. Der Bedeutung wegen sollte in jedem Gießereibetriebe ein Mann mit Gipsarbeiten gut vertraut sein.

Abb. 158. Gipsmodell einer Bohrlehre, Unterseite.

Abb. 159. Gipsmodell, Oberseite.

In den Abb. 158 und 159 sieht man ein fertiges Gipsmodell. Der Untersatz besteht vollständig aus Gips, während die vier Aufsätze aus Holz und auf dem Gipsstück festgeleimt sind. Gearbeitet wird mit der Kleinschabloniereinrichtung (Abschn. 12). Abb. 160 zeigt alle für dieses Stück benötigten Hilfsmittel. Das Achtkantbrett c hat genau das Außenmaß des fertigen Modelles und in der Mitte ein Loch für die Spindel. Die Rahmenhölzer d sind so hoch wie das fertige Modell und die Stärke des vorbeschriebenen Brettes zusammen und so lang, daß sie sich gut um das Achteck herumlegen lassen. Der Beginn des Ausdrehens ist in Abb. 161 zu sehen. Über die Spindel ist das Achtkantbrett geschoben. Auf dieses wird Lehm gelegt und mit der Schablone a (Abb. 160) ausgedreht, so daß er das Oberprofil des Modelles ergibt. Dieser ausgedrehte Lehmballen ist in der Abb. 162

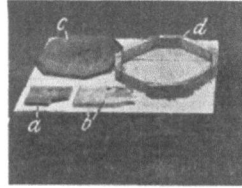

Abb. 160. Hilfsmittel zur Anfertigung des Gipsmodelles: a Schablone für die Grundform; b für die Außenform; c Achtkantbrett; d Rahmenhölzer.

Abb. 161. Achtkantbrett über die Spindel geschoben.

Abb. 162. Fertige Grundform und benutzte Schablone.

zu sehen. Jetzt werden die Rahmenbretter d (Abb. 160) mit je zwei Stiften an dem Achtkantbrett befestigt, dessen Zweck damit erwiesen ist (Abb. 163). Bevor nun der Gips aufgetragen wird, müssen alle Stellen, welche er berührt, mit Öl überstrichen werden, damit er sich nach dem Erhärten gut löst und nicht festhaftet. Der aufgetragene Gips wird mit der Schablone b (Abb. 160) abgedreht

Abb. 163. Grundform mit herumgelegten Rahmenhölzern.

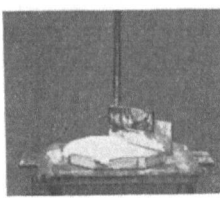

Abb. 164. Einfüllen und Ausschablonieren des Gipses.

Abb. 165. Gipsmodell nach Abnahme des Rahmens.

(Abb. 164). Danach läßt man den Gips hart werden, dreht die Spindel heraus und löst den Rahmen Leiste um Leiste vom Gips ab (Abb. 165). Darauf wird das Gipsstück vom Lehmprofil getrennt. Es könnte die Frage auftauchen, weshalb

Anfertigung von Gipsmodellen, dargestellt am Beispiel einer Bohrlehre.

die Grundform nicht auch gleich aus Gips ausgedreht wird. Ein kleiner Vorteil liegt in der Unkostenfrage: Gips kostet nicht viel, Lehm aber fast gar nichts. Der Grund ist jedoch, daß das Gipsmodell an einer Gipsschale sehr leicht festklebt. Beim Lehm besteht diese Schwierigkeit nicht und sollte sich der Lehm wirklich einmal schlecht lösen, so kann er einfach ausgestochen werden. Harter Gips hingegen läßt sich nicht ausstechen. Nachdem das Modell noch bis zum nächsten Tage dem vollständigen Trocknen überlassen ist, werden die vier senkrechten Wände aus Holz genau senkrecht aufgeleimt, die Übergänge etwas verkittet und alle Flächen sorgfältig lackiert (Abb. 158 und 159).

Abb. 166. Form, nach diesem Modell hergestellt.

In Abb. 166 ist eine nach diesem Modell gefertigte Form zu sehen. Außer etwas Vorsicht zum Stampfen erfordert sie vom Former nicht die geringste Mehrarbeit gegenüber einem Holzmodell, und an Glätte und Sauberkeit steht sie ihm auch in nichts nach. Abb. 167 zeigt den Abguß.

Abb. 167. Abguß der Bohrlehre.

Abb. 168. Gipsmodell für einen Ventilatorträger.

17. Gipsmodell für einen Ventilatorträger. Aus der Fülle der angefertigten Gipsmodelle soll noch an dem Beispiel eines Ventilatorträgers (Abb. 168) gezeigt werden, wie genau jedes beliebige Profil ohne Schwierigkeit in Gips hergestellt werden kann. Zur Anfertigung des genauen Schablonenausschnittes wird einfach die zugestellte Zeichnung, sofern diese im Maßstab 1:1 gezeichnet ist, mittels blauen Durchschreibepapiers unmittelbar auf das Brett, welches die Schablone ergeben soll, durchgezeichnet. Dabei darf die Zugabe für Schwindung und etwaige Bearbeitung nicht vergessen werden. Ist keine Zeichnung im Maßstab 1:1 vorhanden, so müssen natürlich die Schablonenmaße in der sonst üblichen Weise angerissen werden.

Zur Herstellung des Gipsmodells wird zuerst die Gegenform seiner Unterseite aus Lehm unmittelbar auf der Schablonierplatte (Abschn. 12) ausschabloniert. Die Nabe, welche später im Unterkasten der fertigen Form zu sehen ist, muß schon hier mit vorgesehen werden. Dies geschieht, indem eine entsprechend bemessene, durchbohrte Holznabe über die Spindel geschoben und im Lehm mit eingebettet wird. In Abb. 169 ist die ausgedrehte Grundform mit der noch darin liegenden Holznabe a und der Schablone zu sehen. Die Schablone und die Nabe werden nun entfernt und

Abb. 169. Grundform. a in Lehm eingebettete Holznabe.

Abb. 170. Gipsmodell, fertig schabloniert.

mit dem Gipsen begonnen. In Abb. 170 erkennt man das ausgedrehte Gipsstück mit der dazu verwendeten Schablone. Nach dem Erhärten des Gipses wird die Spindel herausgedreht, welche sich vom Gips sehr gut löst, weil sie vorher mit Öl bestrichen wurde. Dann wird das Gipsmodell von der Grundform abgehoben. Viel Nacharbeiten sind an den äußeren Kanten des Gipses nicht zu erledigen. Für den Bohrungskern von 50 mm Durchmesser wird noch unten und oben auf der Nabe eine Kernmarke aus Holz angebracht. Das

Loch in der Nabe, welches für den Spindeldurchgang notwendig war, wird nicht zugemacht, sondern dient als Dübelloch für die Kernmarken, außerdem ist es beim Formen auch zum Herausheben des Modelles sehr gut brauchbar. Das Modell wird zum Schluß noch mit Modellack überstrichen (Abb. 168). Eine fertige Form nach diesem Modell ist in Abb. 171 zu sehen und das fertige Gußstück in Abb. 172.

Abb. 171. Form, nach dem Gipsmodell hergestellt. *a* Unterkasten; *b* Oberkasten.

Abb. 172. Fertiger Abguß.

Modell, einschließlich Werkstoff, und Formarbeit sind zusammen bedeutend billiger, als im anderen Falle nur das Holzmodell kosten würde, denn ein in der Herstellung von Gipsmodellen geübter Former stellt diese auf die denkbar schnellste Weise her.

18. Gipsmodell für ein Lagerschild mit Vierkantflansch. Dieses Stück ist nicht unter die einfachsten Gipsmodelle zu rechnen, es zeigt jedoch, daß auch schwierigere Stücke sich vorteilhaft in Gips anfertigen lassen. Das Modell wurde in zwei Teilen, Vierkantflansch und Schild, also getrennt angefertigt. Eine Führungsrille, welche gleich im Gips mit ausschabloniert wird, bewirkt ein gutes Passen von beiden Modellteilen. Abb. 173 und 174 zeigen den fertigen Abguß.

Abb. 173. Abguß eines Lagerschildes mit Vierkantflansch, Oberseite.

Abb. 174. Abguß der Abb. 173, Seitenansicht.

Die Herstellung des Modelles verlief folgendermaßen: Zuerst wurde der Modellteil für den Vierkantflansch angefertigt, welcher auch die größeren Schwierigkeiten enthält. Für den Grundkörper, der nicht schabloniert wird, benötigt man einen Ring und einen Rahmen aus Holz.

Zunächst wird in der Schablonierplatte die Spindel eingedreht, welche unbedingt erforderlich ist, da von ihr aus alle Entfernungen der nun einzusetzenden Teile genau bestimmt werden müssen. Der Holzring (*b* in Abb. 175) wird jetzt auf die Schablonierplatte gelegt und von der Spindel aus genau zentrisch ausgerichtet. Innen und außen wird der Holzring mit Öl bestrichen, damit der Lehm nicht zu fest an ihm anhaftet. Nun wird der Ring innen bis zur Oberkante mit Lehm angefüllt (*d* in Abb. 175).

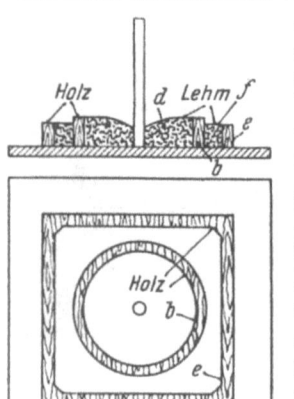

Abb. 175. Anfertigung der Grundkontur für den Flanschteil. *b* Holzring; *d* Lehm für die Innenpartie; *e* äußerer Holzrahmen; *f* Lehm für die Außenpartie.

Ist dies getan, so wird der aus rohen Brettern zusammengesetzte Holzrahmen (*e* in Abb. 175) auf die Schablonierplatte gelegt und ebenfalls von der Spindel aus genau auszentriert. Der Rahmen *e* ist gegenüber dem Ring *b* um soviel tiefer, als die Bodenstärke des Flansches betragen soll. Die Innenwand des Rahmens *e* wird ebenfalls mit Öl bestrichen. Nun wird der Zwischenraum *f* in Abb. 175 zwischen Ring und

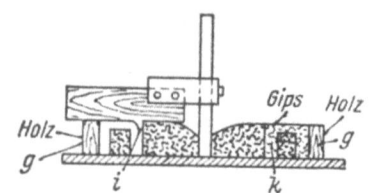

Abb. 176. Ausschablonieren des Gipsmodelles für den Flanschteil; *g* Holzrahmen; *i* Führungsnut für die beiden Modellteile; *k* mit Gips ausgegossener Zwischenraum.

Rahmen mit Lehm ausgefüllt. Damit dieser Lehm später einen guten Halt und Stand hat, bekommt er einen Ring aus durchlochtem Blech eingedrückt. Mit der Oberkante des Rahmens e wird der Lehm bündig abgestrichen. Nach dem Entfernen des Ringes b und des Rahmens e ist der Grundkörper fertig.

Über den fertigen Grundkörper wird nun der Holzrahmen g in Abb. 176 gesetzt und nach der Spindel ausgerichtet; dieser Holzrahmen hat gleiche Höhe mit dem Lehm d in Abb. 175. Nachdem er ausgerichtet ist und von außen verschiedene Belastungseisen angelegt sind, welche ihn gegen Verschieben sichern, wird die

Abb. 177. Grundkontur für das Schildteil.

Abb. 178. Das fertige zweiteilige Gipsmodell, Außenansicht.

Schablone am Schablonenhalter befestigt und über die Spindel geschoben. Die Nase i der Schablone stellt die Führungsnut her. Der Gips kann nun angerührt werden; er wird unmittelbar in den Zwischenraum k Abb. 176 hineingegossen und mit der Schablone dann das Oberprofil des Flansches ausgedreht. Nach dem Ausdrehen wird die Schablone entfernt, und nachdem der Gips erhärtet ist, wird der Rahmen, aus dem zuerst die Nägel gezogen werden, Brett um Brett weggenommen. Ein Festhaften des Gipses an den Brettern ist durch das vorherige Einölen vermieden. Alsdann wird der ganze Gipsflansch von der Platte genommen, und dem vollständigen Austrocknen überlassen, während man nun an die Anfertigung des Modellteiles für das Schild gehen kann.

Zur Anfertigung des Schildes ist je eine Schablone für die Innen- und für die Außenform erforderlich. Auf der Schablonierplatte wird die Spindel mit der Grundschablone angebracht und der Grundkörper aus Lehm schabloniert, wie Abb. 177 zeigt. Dann wird die Schablone entfernt und die Schablone für die Außenform aufgebracht, der Gips aufgetragen und ausschabloniert. Dieser Modellteil ist also in üblicher Weise einfach herstellbar. Abb. 178 und 179 zeigen beide Modellteile fertig aus Gips. Die Rippen sind aus Holz und werden lose mit eingestampft. In der Abb. 179 sieht man im äußeren Ring des Flansches die Holzverstrebungen lose eingesetzt, während die für den inneren Ring vor dem Flansch liegen. Des weiteren liegen vor dem Schild die acht äußeren Rippen,

Abb. 179. Fertiges zweiteiliges Gipsmodell, Innenansicht. a lose eingesetzte Rippen; b davorliegende Rippen für Innenkranz und Außenform.

welche am fertigen Abguß Abb. 173 und 174 zu sehen sind. Nachdem beide Modellteile auf Maßhaltigkeit kontrolliert sind, werden sie überlackiert und zwei Holzkernmarken aufgedübelt, wobei das Spindelloch als Dübelloch dient.

Das Einformen dieses so hergestellten Gipsmodells (dreiteilige Form) geht folgendermaßen vor sich: Das Modell wird im zusammengesetzten Zustande mit dem Vierkantflansch nach oben auf den Aufstampfboden gelegt und der Mittelkasten darübergesetzt. Nachdem Modellsand übergesiebt ist, werden die acht äußeren Verstrebungen in ihre richtige Lage gestellt und Stück für Stück eingestampft, so daß sie ihre Lage nicht mehr verändern können; dann wird der ganze Mittelteil bis Oberkante Flansch vollgestampft und gut abpoliert. In dieser Lage werden nun im Flansch alle inneren Holzverstrebungsleisten eingesetzt, mit Modellsand übersiebt und gut eingestampft, dann erst wird der Unterkasten aufgesetzt und weiter gestampft. Mittel- und Unterkasten werden nach dem Aufstampfen zusammen gewendet, abpoliert und der Oberkasten aufgesetzt. Einguß und Steiger werden gestellt und der Oberkasten aufgestampft. Anschließend wird der Oberkasten abgehoben und aus dem Mittelkasten das Schildmodell herausgenommen. Mittel- und Unterkasten werden nun zusammen an den Kran gehängt, gewendet und auf einem glatten Boden abgesetzt. Nun kann der Unterkasten, an welchem das Flanschmodell angehängt ist, vom Mittelteil abgehoben, gewendet und abgesetzt werden. Das Modell wird vom Unterkasten abgehoben, und dadurch daß die Verstrebungsleisten im Modell nicht stramm eingepreßt sind, sondern noch genügend Spiel haben, ergibt sich jetzt der Vorteil, daß beim Herausheben des Modells die Leisten alle im Sand verbleiben, was eine große Erleichterung beim Stecken der Formstifte bedeutet; danach werden die Leisten alle einzeln zwischen den Sandballen herausgezogen. Die Form wird zum Schluß mit Schwärze angeblasen und in der Trockenkammer ge-

Abb. 180. Fertige dreiteilige Form für das Lagerschild. Links: Oberkasten; Mittelkasten; dahinter: Unterkasten.

trocknet. Abb. 180 zeigt die vollständige Form, links den Oberkasten, in der Mitte den Unterkasten und rechts den Mittelkasten.

Bei diesem Stück sei noch außer der besonderen Billigkeit der Modellanfertigung ein weiterer Vorteil des Gipsmodells hervorgehoben: Dieses Stück war besonders eilig und mußte deshalb auf dem schnellsten Weg angefertigt werden. Die Zeichnung wurde dem Betrieb nachmittags 4 Uhr zugestellt, alle Modellarbeit einschließlich Schablonenanfertigung war 10,15 Uhr abends erledigt. Am nächsten Morgen 6 Uhr wurde mit dem Formen begonnen, um 12 Uhr war die Form in der Trockenkammer und um 4 Uhr bereits abgegossen. Wäre das wohl mit einem Holzmodell möglich gewesen?

19. Profiländerungen an Modellen mittels Gips. Ein gewandter Former ist imstande, Änderungen an einem Modell dadurch vorzunehmen, daß er einfach in der fertigen Form an der betreffenden Stelle mit dem Formerwerkzeug Sand wegschneidet oder anflickt, bis die gewünschte Ausführung erreicht ist. Aber alles hat seine Grenzen, so auch die Freihandformumgestaltung. Wenn diese Art der Änderung für die Genauigkeit nicht mehr genügend Sicherheit bietet, muß in den meisten Fällen entsprechend starke Pappe zu Hilfe genommen werden, die dann um die am Modell zu verstärkenden Stellen gelegt wird. Wer mit dieser Art Hilfsmittel jedoch in der Praxis zu tun hat, kann ein Lied davon singen, denn in den meisten Fällen möchte der Former dem Auftraggeber lieber das Modell vor die Füße werfen, als sich mit ihm herumzuärgern. Denn was Pappe in der Formerei zu bedeuten hat, kann nur der Praktiker wissen. Da sie von dem feuchten Formsand aufquillt, so sind die daraus entstehenden Schwierigkeiten ohne weiteres verständlich.

Am besten und einfachsten hilft man sich in solchen Fällen, indem man die zu verstärkenden Stellen am Modell mit Gips anfüllt. Man erreicht dadurch ein einwandfreies Arbeiten, denn der Gips hinterläßt sehr glatte Wände und zerbröckelt auch nicht beim Formen, da er ziemlich fest am Modell haftet. Nach Gebrauch ist er sogar nur unter Benutzung des Hammers wieder zu entfernen. Nur den beim Formen von Massenteilen auftretenden Beanspruchungen ist der Gips nicht gewachsen.

Ein Modell, bei welchem drei Flächen zu verändern waren, sei jetzt als Beispiel gewählt für die Anwendung des Verfahrens. In Abb. 181 ist es im alten Zustande auf der Schablonierplatte (Abschn. 12) zu sehen. Es muß so ausgerichtet werden, daß die Spindel genau im Mittelpunkt des Loches steht. Um es in dieser Lage bis zum letzten Arbeitsgang zu halten, wird es mit zwei Schraubzwingen auf der Platte befestigt. An dem Schablonenprofil der Abbildung erkennt man radiales Spiel. Um dieses Maß müssen in dem Modell drei Ringe verschiedener Höhe nach innen zu verdickt werden. Zuerst wird das mittlere Loch im Durchmesser um 20 mm verkleinert, indem man Gips an die senkrechte Wand anträgt und mit der Schablone glatt dreht. Die Schablone wird dann vorübergehend herausgenommen, damit der Gips etwas abtrocknen kann (Abb. 182 bei a). Nach 10 bis 15 Minuten ist er so weit hart, daß man an dem Modell weiterarbeiten kann. Die beiden anderen Ringe werden natürlich in einem Arbeitsgange und, da sie sich beide verbinden, auch in einem Stück angefertigt. Vor allem ist beim Schablonieren des Gipsbreies darauf zu achten, daß die Schablone öfter abgewaschen wird, auch sind die zu schablonierenden Gipsflächen mit Wasser zu bestreichen, wodurch ihre Form scharf ausgeprägt und glatt wird. Alle zum Gipsen benötigten Gegenstände, wie Schablonenhalter usw., werden unmittelbar nach dem Gipsen mit Wasser abgewaschen, damit der

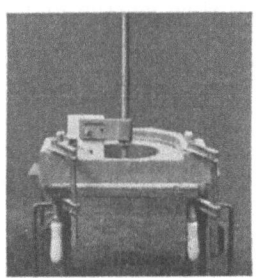

Abb. 181. Eingespanntes Modell vor dem Umändern.

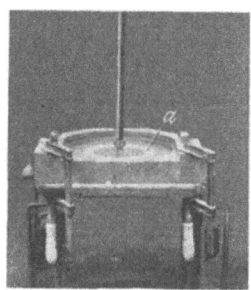

Abb. 182. Modell mit verkleinertem Innenring bei a.

Abb. 183. Umgeändertes Modell, fertig lackiert.

Gips daran nicht erst hart wird. Am nächsten Morgen werden die am Modell mit Gips ergänzten Stellen mit Modellack überzogen und man hat ein ausgezeichnetes, sehr gut verwendungsfähiges Modell, wie es in Abb. 183 zu sehen ist.

Nebenbei bemerkt ist die Modelländerung mit Gips durchaus nicht teurer als mit Pappe, aber hinsichtlich Maßhaltigkeit und Brauchbarkeit beim Formen weit überlegen.

IV. Formen nach Zeichnung ohne Modell.

Nicht mit Unrecht ist der Formerberuf als einer der intelligentesten anzusprechen. Damit soll nicht gesagt sein, daß nun jeder Former glauben könnte, er sei besonders intelligent. Nein, gemeint ist damit, daß der Formerberuf ein fast unerschöpfliches Betätigungsfeld zur Verwirklichung gesunder, klarer Gedanken darstellt und daß gerade hier der wirkliche Fachmann sich durch ein besonders vielseitiges Können auszeichnen muß. Es ist ja in Gießereikreisen nicht unbekannt, daß mitunter die eine Gießerei viele Tonnen Guß auf den Bruchhaufen wandern lassen muß, während die Nachbargießerei denselben Artikel zu einem ihrer ertragreichsten zählt. Hier tritt der Wert der persönlichen, fachlichen Fähigkeiten ganz offen zutage.

Von den Gießereien besitzt ein großer Teil keine Modellanfertigungswerkstätte; trotzdem braucht nicht jedes Modell, das im Gesamtbetrieb, also einschließlich Bearbeitungswerkstätte, benötigt wird, beim Modellschreiner bestellt zu werden. Eine fachmännisch geleitete Gießerei kann zwar nicht alle, aber doch einen ganz bedeutenden Teil ihrer Modelle, besonders Einzelausführungen, viel wirtschaftlicher als der Modellschreiner anfertigen, wenn sie die verschiedensten Behelfe ausnutzt. Alles hängt natürlich von der Gießereileitung ab, denn wenn der Formermeister sagt, es sei ein Modell erforderlich, so wird die Betriebsleitung in den meisten Fällen nichts dagegen einzuwenden haben.

Immer ist festzustellen, daß der Modellschreiner dort viel zu tun hat, wo die Gießerei ohne Kniffe arbeitet, was gleichbedeutend ist mit dem in Gießereikreisen bekannten Ausspruch, daß der Modellschreiner dort das Fett abschöpft, wo die Gießerei es nicht verstanden hat, sich die richtigen Fachkräfte heranzubilden oder eine gute Leitung zu sichern. Dies soll jedoch nicht eine Kampfansage an die Modellschreiner sein, denn daß wir sie unbedingt brauchen und ohne sie nicht denkbar sind, ist eine Tatsache, welche niemand ableugnen kann. Aber es muß doch offen zugegeben werden, daß im Modellbau bereits die Unkosten für das fertige Gußstück beginnen, und daß diese oftmals der Grund sind, weshalb bei Teilen mit ein- bis zweimaliger Ausführung häufig der ganze Plan bereits an der teueren Modellherstellung scheitert. Modelle erfordern natürlich genaue und zeitraubende Arbeit, und dementsprechend sind auch die Kosten dafür sehr hoch. Um nun diese Unkosten soweit wie irgend möglich herabzudrücken, muß die Gießerei ständig wachsam sein und hier alles, was sie auf diese Weise nur irgend einsparen kann, herausholen, denn im Behelf stecken Werte, und viele Behelfe kennzeichnen den Wert einer Gießerei. In Sonderbetrieben läßt sich ja auf diese Art nicht allzuviel machen, jedoch in Gießereien, angeschlossen an Maschinenfabriken mit vielseitig wechselndem Arbeitsprogramm, lassen sich sehr viel derartige Unkosten einsparen. Das Wort Behelf darf jedoch auf keinen Fall mißverstanden werden, denn ein Behelf im Sinne der Wertarbeit muß ein fertiges Stück genau so zutage fördern, als sei ein vom Modellschreiner angefertigtes Modell vorhanden gewesen, und das Ergebnis muß entweder in der Kostenersparnis oder im Zeitgewinn, zumal bei Maschinenschäden und dergleichen, wenn durch die Modellherstellung zu viel Zeit verbraucht würde, sich ausprägen.

Da unzweifelhaft in der Modellselbstanfertigung ein wirtschaftlicher Vorteil liegt, sollen hier einige Beispiele ausführlich behandelt werden.

20. Herstellung von Sonderplanscheiben ohne Modell. Um die Modell-

Abb. 184. Planscheibe I.   Abb. 185. Planscheibe II.   Abb. 186. Planscheibe III.

anfertigungskosten für drei ähnliche Modelle einzusparen, von denen zwei je einmal und eines zweimal abzugießen waren, erklärte sich die Gießerei bereit, diese

Stücke zugleich unter Zuhilfenahme selbstangefertigter Hilfsmodelle und Schablonen herzustellen. In Abb. 184 bis 186 sind die drei fertigen Gußstücke zu sehen, von denen Planscheibe I zweimal ausgeführt wurde, da sie später als Aufnahmeplatte für II und III dienen sollte. Planscheibe II (Abb. 185) hat 740 mm Durchmesser und wiegt 140 kg.

Scheibe I wurde vollständig als Schablonenarbeit hergestellt, die dazu nötigen Hilfsmittel (Abb. 187) selbst angefertigt, zunächst eine Schablone *b*, bei welcher die eine Kante für den Unterkasten und die andere für den Oberkasten dient, ferner die innere Nabe *a* mit den acht Rippen, welche als Stern angefertigt wurde, und für den Oberkasten noch eine flache Nabe *c*. Die Naben waren zwischen den abgelegten Modellen zu finden, sonst waren sie leicht aus Gips schabloniert worden.

Abb. 187. Zubehörteile zum Ausschablonieren der Planscheibe I: *a* Stern; *b* Schablone; *c* Oberkastennabe.

Geformt wird nun, wie bereits in dem Kapitel „Schablonenformerei" beschrieben worden ist. Zunächst wird mit der glatten Oberkante der Schablone die Aufstampfform für den Oberkasten ausgedreht, der Schablonenhalter mit Schablone entfernt, die Fläche glatt poliert und die Oberkastennabe über die Spindel geschoben. Dann setzt man den Oberkasten auf, stellt Einguß und Steiger und stampft diesen Kasten auf (Abb. 189 hinten). Anschließend geht es an das Ausschablonieren des Unterkastens. Hier wird zunächst

Abb. 188. Ausschablonieren des Unterkastens für Planscheibe I.

Abb. 189. Fertiger Ober- und Unterkasten.

die innere Fläche zur Aufnahme des Sternes (Abb. 187) ausgestochen und dieser mit der Schablone in die richtige Höhenlage gebracht (Abb. 188). Die Zwischenflächen zwischen den Rippen werden dann gut mit Modellsand ausgeworfen und der ganze Kasten fertig schabloniert. Nachdem Schablone und Spindel entfernt und die Flächen glatt poliert sind, werden Stifte gesteckt, der Stern mit Wasser angezogen und

Abb. 190. Gipsscheibe gegossen.

Abb. 191. Fertige Gipsscheibe.

Abb. 192. Schablonen für die Gegengewichte der Panscheiben II und III.

aus der Form herausgenommen. Abb. 189 zeigt den fertigen Ober- und Unterkasten.

Planscheibe II kam als Schablonenarbeit wegen der vielen Aufsätze nicht in Frage. Hier mußte der Gips als Behelf sein nötiges tun. Die Scheibe 740 mm

Durchmesser und 35 mm stark, mußte als Gipsscheibe ausgedreht werden[1]. Die Gipsscheibe wird als einfache Schablonenarbeit in einem einteiligen Kasten hergestellt. In Abb. 190 ist die ausgegossene Gipsform mit der dazu verwendeten Schablone, in Abb. 191 die fertige Scheibe zu sehen. Die Spindel wird dabei mit Lehm umkleidet und mit umgossen, das dadurch entstehende Loch dient dann später als Ausschlagloch. Da in der Scheibe einige Rundeisen mit eingegossen werden, ist für ihre Festigkeit gesorgt. Als weiterer Teil für das Modell II ist ein Gegengewicht von der Form eines Drittelkreisringes erforderlich. Auch dieses wird ausschabloniert und in Gips ausgegossen und zwar in demselben Kasten mit dem ganz ähnlichen Gegengewicht für Modell III. Als Anhalt für die Länge des Drittelkreises wird ein Pappstück von 120° ausgeschnitten und über die ausgedrehte Form gehalten. Die beiden verwendeten Schablonen sind in Abb. 192 zu sehen, während Abb. 193 den fertig ausschablonierten Kasten zeigt.

Abb. 193. Ausschablonierte Gegengewichte.

Abb. 194. Fertiges Modell für Planscheibe II.

Zur Vervollständigung des Modelles fehlen nun noch die Träger, die aus Holz, zwei glatten Brettern mit je zwei vorderen und einer hinteren Rippe, gefertigt werden. Das Ganze wird dann mit Modellack überstrichen, die genaue Lage der losen Teile auf der Scheibe nach Zeichnung angerissen, und das Modell ist formgerecht fertig (Abb. 194).

Der Formgang selbst geht vonstatten wie bei einem gewöhnlichen Holzmodell. Alle Gipsteile sind mit eingegossenen Ösen versehen, so daß man sie sachgemäß aus der Form heben kann. Beim Eingießen des Gipses in die Gipsform sind die eingestellten Ösen mit Lehm umkleidet, welcher sich nachher aus dem festen Gipsstück mit der Lanzette mühelos entfernen läßt, so daß die Ösen dann freiliegen. Aus der Form wird zuerst die Scheibe herausgenommen, anschließend das Belastungsstück und dann die beiden Träger. Da das Modell aus diesen einzelnen Teilen lose zusammengestellt ist, entstehen an den verschiedenen Modellübergängen keine Hohlkehlen, sondern scharfe Sandkanten, die nachher noch sämtlich abgerundet werden müssen. Ein Punkt sei noch besonders erwähnt. Die beiden Träger sind in der Form wegen ihrer beträchtlichen Höhe beim Schwärzen mit dem Pinsel schlecht zugänglich, deshalb wird der Kasten an den Kran

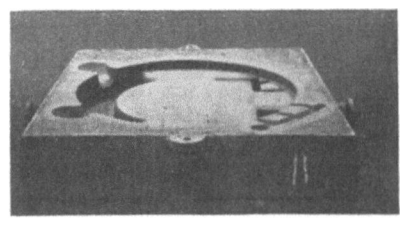

Abb. 195. Fertige Form für Planscheibe II.

gehängt, mit dem Durchzugrohr ein Kanal von der Unterkante der Träger durch den Kasten hindurchgezogen und dann mit einer Büchse Schwärze in die Hohlräume gegossen, welche durch den Kanal wieder in den untergestellten Schwärzeeimer hineinläuft. Abb. 195 zeigt die fertige Form, welche noch zum Trocknen in die Trockenkammer geschafft wird.

Das Modell der *Planscheibe III* (Abb. 186) hat wieder einen anderen Her-

---

[1] Für Modellgipsarbeiten ist ein einwandfreier Sonderformgips, wie er z. B. als Spezialformgips XIII auf dem Markt erhältlich ist, zu verwenden, denn die mitunter geäußerte Meinung „Gips ist Gips" ist gleichbedeutend mit Verzicht auf Vorteile.

stellungsgang. Das Gegengewicht wurde schon bei Modell II mit aus Gips gefertigt (Abb. 193). Die Träger mit ihren Rippen, aus Holz, haben andere Maße als bei II und müssen besonders hergestellt werden. Die Scheibe dieser Planscheibe stimmt mit der vorherigen (Abb. 191) zwar nicht genau überein, hat jedoch den gleichen Durchmesser von 740 mm, wodurch ihre Wiederverwendung möglich wird. Die Scheibe war beim vorhergehenden Stück 35 mm hoch, sie muß jetzt auf 50 mm, also um 15 mm, verdickt werden. Auf einen glatten Aufstampfboden, passend für die zu verwendenden Formkästen, legt man an zwei gegenüberliegenden Seiten zwei Leisten von genau 15 mm Höhe und befestigt sie leicht mit zwei Nägeln. Der Zwischenraum zwischen den beiden Leisten wird mit Sand ausgestampft und mit

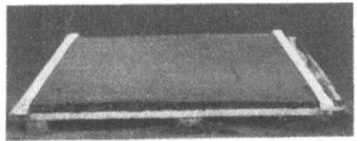

Abb. 196. Zwischen zwei Leisten gleichmäßig aufgezogene Sandfläche.

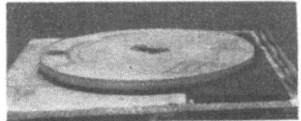

Abb. 197. Verschneiden und Anpolieren des Sandes um die Scheibe herum.

einer glatten Leiste abgestrichen (Abb. 196). Die Höhe der Sandschicht auf dem Holzboden beträgt also genau 15 mm, entsprechend dem Unterschied zwischen Modell II und III. Jetzt werden die beiden lose befestigten Leisten entfernt und die Gipsscheibe wird auf der Sandfläche in die richtige Lage zum Aufstampfen gelegt. Aller nun am Modell überstehender Sand wird mit dem Putzeisen entfernt und der mit dem Modell abscheidende Rand gut poliert und reichlich mit Streusand verrieben. Dieser Vorgang ist in Abb. 197 zu sehen, und Abb. 198 zeigt das vollständige Modell. Zum Aufstampfen bleibt die Scheibe mit den in richtiger Lage daraufgestellten losen Modellteilen so liegen, der Formkasten wird aufgesetzt und vollgestampft. Nach dem Wenden des Unterkastens ist von Modellteilen nichts zu sehen, die ganze Fläche ist Sand; dieser wird poliert und der Oberkasten darauf aufgestampft. Nachdem dann alles aufgestampft und der Oberkasten abgehoben ist, wird im Unterkasten zunächst die 15 mm hohe Sandschicht entfernt, wobei der ringsum gut angeriebene Streusand als genaue Lehre dient. Der weitere Teil der Formherstellung ist genau der gleiche wie oben.

Abb. 198. Vollständiges Modell für Planscheibe III.

Abb. 199. Abguß für Planscheibe IV.

Abb. 200. Modell, zusammengesetzt.

Abb. 201. Modell, zerlegt.

Nun sei noch die Herstellung einer auf den ersten Blick ähnlichen, aber doch etwas anders gebauten Planscheibe IV angedeutet. Sie ist in Abb. 199 zu sehen und wiegt 220 kg. Das fertige Modell zeigt Abb. 200, die einzelnen Teile Abb. 201. Hier wird als Grundlage nicht eine Scheibe, sondern ein Ring von 640 mm Durchmesser gebraucht, der mit der Schablone *a* (Abb. 202) ausgedreht und dann in Gips gegossen wird. Das Gegengewicht dieses Planscheibenmodells wird, wie früher, nach Schablone *b* (Abb. 202)

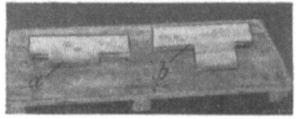

Abb. 202. Schablonen: *a* für den Ring; *b* für das Gegengewicht.

Abb. 203. Fertige Form.

in Gips gefertigt. Die übrigen Zubehörteile werden aus Holz hergestellt. Auf dem Ring (Abb. 201) sieht man die mit schwarzem Lack angebrachte Markierung für die einzelnen Modellzubehörteile. In Abb. 203 ist noch die fertige Form zu sehen.

21. Formen einer Richtplatte ohne Modell. Größtenteils werden Richtplatten nach fertigen Modellen geformt, was jedoch in vielen Fällen der Ausführung die Bewegungsfreiheit nimmt, denn man ist immer an die Größe des vorhandenen Modelles gebunden. Einfacher ist es, wenn man ohne Modell, d. h. mit einem billigen Behelf, arbeitet, dann kann man ohne besondere Modellausgaben jede gewünschte und zweckentsprechende Ausführung wählen. In Abb. 204 ist eine Richtplatte im Ausmaß von 1000 × 600 mm mit einem Gewicht von 260 kg wiedergegeben, die nach der folgenden Beschreibung hergestellt wurde.

Abb. 204. Abguß einer Richtplatte.

Abb. 205 zeigt alle zur Herstellung verwendeten Hilfsmittel, und zwar den Rahmen, die Diagonalrippen und die Ausziehschablone, die sämtlich ohne Modelltischlerei angefertigt sind. Beim Formen wird der Rahmen von 100 mm Höhe auf einen glatten Aufstampfboden gelegt und Haufensand hineingeschaufelt und festgestampft, so daß eine Sandhöhe von ungefähr 50 mm, der Bodenstärke der Platte, im Rahmen entsteht, die noch mit der Ausziehschablone (Abb. 206) an allen Stellen auf das genaue Maß gebracht wird. Auf die abgestrichene Sandfläche legt man nun die Diagonalen, so daß sie mit der Oberkante des Rahmens abschließen (Abb. 207). Die vier Fächer zwischen den Diagonalen werden mit Modellsand gefüllt,

Abb. 205. Hilfsmittel zum Herstellen der Richtplatte: *a* Rahmen; *b* Diagonalrippen; *c* Ziehschablone.

und nun kann der Formkasten aufgesetzt und freiweg vollgestampft werden. Nicht zu vergessen ist jedoch, daß bei solchen Stücken sehr reichlich Luft gestochen werden muß. Anschließend wird der Kasten gewendet und die jetzt im Rahmen nach oben liegende Sandfläche ebenso wie die übrige Teilungsfläche glatt poliert. Hierüber wird der andere Kastenteil aufgestampft und dann wieder abgehoben. Die anfangs eingestampften 50 mm Haufensand muß man jetzt aus dem Rahmen

Formen eines ungewöhnlichen Flanschenrohres.

wieder herausstechen und dann die Fläche mit der Ziehschablone abfluchten. Nachdem genügend Stifte gesteckt und der Rahmen nebst Diagonalen mit Wasser

Abb. 206. Ausziehen des Sandes auf gleichmäßige Höhe.

Abb. 207. Diagonalrippen eingelegt.

angezogen sind, können diese aus der Form gezogen werden. Das Modell ist nur ganz einfach aus Brettern zusammengesetzt, hat also keine Hohlkehlen, deshalb müssen jetzt alle Sandkanten gut abgerundet werden. Nach dem Überschwärzen ist die Form (Abb. 208) dann fertig.

Abb. 208. Fertige Form.

22. Formen eines ungewöhnlichen Flanschenrohres. Ein Flanschrohr (Abb. 209), welches nur in einmaliger Ausführung benötigt wurde und deshalb bei Anfertigung eines Modelles zu teuer geworden wäre, konnte nach einem eigenartigen, billigeren Verfahren hergestellt werden. Am Abguß fallen die ungleich starken Flanschen auf, auch der dünnere Rohransatz am starken Flansch. Die Flanschen wurden mittels Schablone und der übrige Rohrteil mittels eines vorhandenen Rundstückes geformt, also vereinigte Herstellungsweise, teils Modell, teils Schablone. Da diese Art der Herstellung sich als sehr wirtschaftlich erwiesen hat, dürfte sie noch viele Möglichkeiten für ähnliche Stücke bieten

Abb. 209. Rohrstück mit verstärktem Flansch und Ansatz *a*.

Abb. 210. Ausschablonierter Unterkasten: *a* Schablone mit Halter; *b* Kernmarke; *c* Ansatznabe.

Abb. 211. Zylindrisches Stück auf der Schablonierplatte festgedübelt.

Abb. 212. Aufstampfen des Mittelkastens.

Die bereits öfter in diesem Heft erwähnte Kleinschabloniereinrichtung (Abschn. 12) ermöglicht auch in diesem Falle die einfachste Herstellung. Das Rohr wird stehend geformt. Der starke Flansch mit dem Ansatzstück kommt in den Unterkasten und wird als erster Arbeitsgang mittels Schablone angefertigt (Abb. 210). Die Schablonierplatte mit der Spindelführung wird für die kleinste Kastengröße vorgerichtet, d. h. ein Führungsstift nach innen versetzt, wie in Abb. 211 zu sehen ist; dann setzt man einen Formkasten mit Doppellappen über die Stifte und befestigt die Spindel. In den Formkasten wird Formsand eingeschaufelt und bis zur vollen Höhe vollgestampft, damit überall genügend Span nung vorhanden ist. Anschließend wird der Sand in der Mitte mit dem Putzeisen herausgestochen und die Kernmarke sowie das Ansatzstück, welche dem Durchmesser der Spindel entsprechend durchbohrt sind, über die Spindel geschoben. Dann wird der Schablonenhalter mit Schablone eingesetzt und so eingestellt, daß die auszudrehende Flanschhöhe genau mit der Formkastenhöhe abschneidet. Ist diese Höhe richtig eingestellt, so werden die beiden bereits über die Spindel geschobenen Naben in der richtigen Höhe ausgerichtet, so daß an der tiefsten Flanschstelle die Ansatznabe beginnt und unmittelbar unter dieser die Kernmarke. Das Ganze wird nun mit der Schablone ausgedreht, was binnen kurzem getan ist. Schablone und Spindel werden

Abb. 213. Fertige Mittelform.

Abb. 214. Ausschablonierte Oberform und verwendete Schablone.

dann entfernt, Flächen und Kanten sauber poliert, die zwei Naben nacheinander aus dem Sand gezogen und damit ist der Unterkasten fertig (Abb. 210). Der Kasten wird jetzt von der Schablonierplatte weggesetzt, um diese für den Mittelkasten, der das eigentliche Rohrstück ohne Flanschen enthalten soll, frei zu machen. Zu seiner Herstellung kann ein für gewöhnliche Rundstücke vorhandenes Modell verwendet werden, welches in Umfang und Höhe mit dem herzustellenden Stück übereinstimmt. Das Rundholz muß unten in der Mitte jedoch einen Dübel haben, der genau so stark ist wie die Spindelführung. Es wird mit dem Dübel in die Spindelführung eingesetzt, was die Gewähr gibt, daß dann später Flanschen und Rohrstück gut passen, denn ein Versetzen ist ja bei dieser Anordnung überhaupt nicht möglich. Über die Stifte

Abb. 215. Fertige Oberform nach Herausnahme der Kernmarke.

wird nun ein Formkastenteil gesetzt, Sand eingeschaufelt und vollgestampft, wie Abb. 212 zeigt. In Abb. 213 ist die vollständig fertige Mittelform zu sehen. Man kann daran erkennen, daß verschieden hohe Kästen erforderlich sind, um die richtige Gesamthöhe zu erhalten. Gegebenenfalls legt man zwischen die Formkastenteile

Abb. 216. Fertige Formteile und verwendete Hilfsmittel: a Unterkasten; b Mittelkasten; c Oberkasten; d Schablonen, Kernmarken und Nabe; e Zylinderstück.

Abb. 217. Mittelkasten auf Unterkasten aufgesetzt, Form vor dem Zulegen.

entsprechend hohe Hölzer und stampft sie mit ein, damit der letzte Kasten in der Höhe mit dem Modell übereinstimmt. Unterteil und Mittelteil der Form sind somit fertig. Der Oberkasten ist wieder ein einfaches Schablonenstück. Zu seiner Herstellung sind eine Schablone für den Flansch und eine Kernmarke erforderlich, letztere wie vorher aus einer runden, in Spindelstärke durchbohrten Nabe bestehend. Da der Kern abgesetzt ist, kann dieselbe Kernmarke, welche für den Unterkasten verwendet wurde, nicht wieder gebraucht werden, denn beide haben verschiedene Durchmesser. Verfahren wird genau wie beim Unterkasten, erst die Kernmarke über die Spindel geschoben und dann die Schablone, welche die Höheneinstellung für die Marke angibt. In Abb. 214 sieht man den fertig ausgedrehten Flansch mit der dazu verwendeten Schablone, und in Abb. 215 ist der Oberkasten vollständig fertig. Vor dem Formzusammenbau sind alle drei Teile mitsamt den dazu benötigten Einrichtungen in Abb. 216 noch einmal zu sehen. Der Mittelteil wird auf den Unterkasten gesetzt, der Kern hineingestellt (Abb. 217), und die Form ist so weit fertig, daß der Oberkasten sie schließen kann. Gegossen wird das Stück steigend vom untersten Flansch aus mit einer Verbindung des Eingusses nach dem obersten Flansch. In Abb. 216 kann man schwach die beiden Anschnitte im Unterkasten sehen. Als Steiger wird durch den Oberkasten ein kräftiger Trichter auf den Flansch gezogen mit gut gerundeten Kanten, um ein Ausbrechen zu vermeiden.

Einteilung der bisher erschienenen Hefte nach Fachgebieten (Fortsetzung)

II. Spangebende Formung (Fortsetzung) Heft

Außenräumen. Von A. Schatz	80
Das Schleifen und Polieren der Metalle. 4. Aufl. Von O. Werkmeister	5
Spitzenloses Schleifen. Von W. Hofmann	97
Werkzeugschleifen. Von A. Rottler	94
Feilen. Von B. Buxbaum	46
Das Sägen der Metalle. Von H. Hollaender	40
Die Fräser. 4. Aufl. Von E. Brödner	22
Das Fräsen. 2. Aufl. Von Dipl.-Ing. H. H. Klein	88
Die wirtschaftliche Verwendung von Einspindelautomaten. 2. Aufl. Von H. H. Finkelnburg	81
Die wirtschaftliche Verwendung von Mehrspindelautomaten. 2. Aufl. Von H. H. Finkelnburg	71
Werkzeugeinrichtungen auf Einspindelautomaten. Von F. Petzoldt	83
Werkzeugeinrichtungen auf Mehrspindelautomaten. Von F. Petzoldt. (Im Druck)	95
Maschinen und Werkzeuge für die spangebende Holzbearbeitung. 2. Aufl. Von H. Wichmann (Im Druck)	78

III. Spanlose Formung

Freiformschmiede I (Grundlagen, Werkstoff der Schmiede, Technologie des Schmiedens). 3. Aufl. Von F. W. Duesing und A. Stodt	11
Freiformschmiede II. Konstruktion und Ausführung von Schmiedestücken (Schmiedebeispiele). 3. Aufl. Von A. Stodt	12
Freiformschmiede III (Einrichtung und Werkzeuge der Schmiede). Von A. Stodt	56
Gesenkschmieden von Stahl I (Gestaltung von Schmiedestücken und Schmiedewerkzeugen). 3. Aufl. Von H. Kaessberg	31
Gesenkschmieden von Stahl II (Herstellung und Behandlung der Werkzeuge). 2. Aufl. Von H. Kaessberg (Im Druck)	58
Das Pressen der Metalle. Von A. Peter (Im Druck)	41
Die Herstellung roher Schrauben I (Anstauchen der Köpfe). Von J. Berger	39
Stanztechnik I (Schnittechnik). 2. Aufl. Von E. Krabbe	44
Stanztechnik II (Die Bauteile des Schnittes). 2. Aufl. Von E. Krabbe	57
Stanztechnik III (Grundsätze für den Aufbau von Schnittwerkzeugen). Von E. Krabbe	59
Stanztechnik IV (Formstanzen). 2. Aufl. Von W. Sellin	60
Die Ziehtechnik in der Blechbearbeitung. 3. Aufl. Von W. Sellin	25
Hydraulische Preßanlagen für die Kunstharzverarbeitung. 2. Aufl. Von H. Lindner (Im Druck)	82

IV. Schweißen, Löten, Gießerei

Die neueren Schweißverfahren. 7. Aufl. Von P. Schimpke	13
Das Lichtbogenschweißen. 4. Aufl. Von E. Klosse	43
Praktische Regeln für den Elektroschweißer. 3. Aufl. Von R. Hesse	74
Widerstandsschweißen. 2. Aufl. Von W. Fahrenbach	73
Das Schweißen der Leichtmetalle. 2. Aufl. Von Th. Ricken	85
Das Löten. 3. Aufl. Von W. Burstyn	28
Fachkunde für den Modellbau. 2. Aufl. Von E. Kadlec (Im Druck)	72
Der Holzmodellbau I (Allgemeines, einfachere Modelle). 3. Aufl. Von R. Löwer (Im Druck)	14
Der Holzmodellbau II (Beispiele von Modellen und Schablonen zum Formen). 3. Aufl. Von R. Löwer (Im Druck)	17
Modell- und Modellplattenherstellung für die Maschinenformerei. Von Fr. und Fe. Brobeck	37
Der Gießerei-Schachtofen im Aufbau und Betrieb. 4. Aufl. von „Kupolofen-Betrieb". Von Joh. Mehrtens (Im Druck)	10
Handformerei. 2. Aufl. Von F. Naumann	70
Maschinenformerei. Von U. Lohse †. 2. Aufl. von H. Allendorf	66
Formsandaufbereitung und Gußputzerei. Von U. Lohse	68

(Fortsetzung 4. Umschlagseite

If you have any concerns about our products,
you can contact us on
ProductSafety@springernature.com

In case Publisher is established outside the EU,
the EU authorized representative is:
**Springer Nature Customer Service Center GmbH
Europaplatz 3, 69115 Heidelberg, Germany**

Printed by Libri Plureos GmbH
in Hamburg, Germany